HOW CONFIDENCE WORKS

THE NEW SCIENCE OF SELF-BELIEF, WHY SOME PEOPLE LEARN IT AND OTHERS DON'T

信心是如何运作的

关于自信的新科学，

为什么有些人学会了，有些人却没有

[爱尔兰] 伊恩·罗伯逊（Ian Robertson）著

CONFIDENCE

中国青年出版社
CHINA YOUTH PRESS

图书在版编目（CIP）数据

信心是如何运作的：关于自信的新科学，为什么有些人学会了，有些人却没有 /（爱尔兰）伊恩·罗伯逊（Ian Robertson）著；池明烨译.

—北京：中国青年出版社，2022.4

书名原文：How Confidence Works：The new science of self-belief,why some people learn it and others don't

ISBN 978-7-5153-6570-1

Ⅰ.①信… Ⅱ.①伊… ②池… Ⅲ.①自信心–通俗读物 Ⅳ.①B848.4-49

中国版本图书馆CIP数据核字（2022）第023684号

信心是如何运作的：关于自信的新科学，为什么有些人学会了，有些人却没有

作　　者：〔爱尔兰〕伊恩·罗伯逊
译　　者：池明烨
责任编辑：肖妩嫔
文字编辑：侯雯洁
美术编辑：佟雪莹
出　　版：中国青年出版社
发　　行：北京中青文文化传媒有限公司
电　　话：010-65511270/65516873
公司网址：www.cyb.com.cn
购书网址：zqwts.tmall.com
印　　刷：大厂回族自治县益利印刷有限公司
版　　次：2022年4月第1版
印　　次：2022年4月第1次印刷
开　　本：787×1092　　1/16
字　　数：188千字
印　　张：17.5
京权图字：01-2021-5056
书　　号：ISBN 978-7-5153-6570-1
定　　价：59.90元

谨以此书献给菲奥娜，

你的教导增进了我对心智的认识，

在此致以诚挚的爱与谢意。

Contents

目录

Introduction

导 言

设想一下，我们发现了一样东西，会让我们更有钱、更健康、更长寿、更聪明、更善良、更快乐、更有动力、更有创新精神。或许你会说，这岂不是天方夜谭？但其实，这样的东西我们早就发现了。

这是什么灵丹妙药？其实就是信心。信心之于人的进取发展，犹如食物之于身体——没有了食物，我们会死亡；而没有了信心，我们会萎靡不振。有了信心，你可以充满动力地勇攀高峰，可能取得自己做梦也想不到的成就；但要是缺乏信心，即使客观上你取得了不少成绩，也可能觉得前途一片灰暗。

网坛传奇维纳斯·威廉姆斯（Venus Williams）14岁时，准备打一场硬仗。赛前有美国广播公司（ABC）的新闻记者问她，有多大的信心能够击败实力强大的对手。她回答道："我很有信心。"记者有点诧异，便问道："你回答得很轻松。这是为什么呢？"这位未来的冠军人物很淡定地回答："因为我相信。"①

将近25年后的2018年，她接受《纽约时报》(*New York Times*）的采访时说道："我觉得自己之所以能取得成功，是因为相信自己，而信心是可以学习和培养的。事实上，我每天都在培养自信心，这跟我每天去健

① 里德S.. 14岁维纳斯·威廉姆斯之父捍卫女儿，回击强势记者的追问. 优家画报（*InStyle*），2018年8月30日.（人名音译，下同）

身房或者在球场上训练没有什么区别。”[1]本书会探讨信心背后的科学和神经科学原理，探究信心究竟是后天习得的，还是先天决定的。

世人很容易把“乐观”“希望”“自尊”这些概念与“信心”混为一谈，但我在下文会谈到，这里面有一个根本性的区别——信心驱动行动。你可能是乐观主义者，满怀希望地期盼结果还过得去，却从来不相信自己可以造就这个结果。更有甚者，这种乐观的想法可能是毫无现实依据的。你也可能自尊心很强，自我感觉良好，却缺乏实现某个目标的信心。

未来是不确定的。信心是一种心态。面对不确定的未来，敢于押注成功。自我信念是经过筹划之后押注自己，是以过往表现为基础的，所以经常会赌赢。信心扎根于行动，所以能创造未来。正如维纳斯·威廉姆斯所说，信心是可以学习的。

信心由两部分组成。第一部分是你跟自己较量：你能做到某件事。这就是“做得到”部分。第二部分是相信你做了这件事，这个世界就会发生一点点改变。这就是“会发生”部分。

或许你相信自己可以加强锻炼（做得到），但不相信这样就可以减肥（不会发生）。或许你相信只要每个人都少用化石燃料，我们就可以缓解全球变暖（会发生），但不相信自己做得到（做不到）。信心要发挥神奇的效力，你必须把内在的“做得到”和外在的“会发生”结合起来。

因此，要让构想成为现实，信心是核心所在。信心是通往未来的桥梁；是人特有的能力，可以对暂不存在的事物提出设想，然后努力实现目标。从延长人类寿命的医学突破，到美国国家航空航天局（NASA）向银河系发射“旅行者1号”（Voyager 1），几千年来，信心始终推动着人

① 威廉姆斯V.. 维纳斯·威廉姆斯：信心是可以学习的. 纽约时报，2018年12月6日.

类的发展进步。

1961年5月25日，美国总统约翰·肯尼迪（John F. Kennedy）在国会特别联席会议上发表讲话，宣布美国要在十年内将人类送上月球。他不知道这个目标要如何实现。在他发表讲话时，根本还没有登月的火箭、技术和专业知识。可是，当时苏联在太空旅行方面取得了举世瞩目的成就。迫于太空竞赛的压力，肯尼迪构想出这一未来事件，并满怀信心地表示这件事将会发生。这个设想果然成真了。1969年7月20日，人类首次成功登月。

这不是一个人的信心造就的成果。肯尼迪是在激发起全国上下的信念，表达出全体民众都相信能够实现这个共同的目标。我说的信心不只是个人的。一个集体也可以充满信心或者缺乏信心。在新闻简报中，我们会听到“消费者信心”“市场信心”“商业信心”，甚至“民族自信心”这样的说法。那么，个人信心跟这些宽泛的经济和政治概念有什么关系呢?

经济和政治可以影响到千百万人的自我信念，反之亦然。例如，研究发现，18岁至25岁时经历经济衰退的人，往往不太相信自己可以凭着努力取得成功。①

从2020年新型冠状病毒疫情引起的经济动荡，就可以深刻地体会到这一点。英国研究人员调查了2000名16岁至25岁的年轻人，其中41%的受访者表示自己未来的目标好像“不可能实现”，而38%的受访者觉得自己的“人生再也不可能取得成功”。②

---

① 朱利亚诺P.，斯皮林贝戈A.. 在经济衰退中成长. 经济研究评论（*Review of Economic Studies*），2014，81（2）：787－817.

② 王子信托基金. 志向差距：一代人失落的希望和抱负，2020年9月. [获取和访问路径：https://www.princes-trust.org.uk/about-the-trust/news-views/aspiration-gap-research] 引用日期：2020年11月2日.

在这一代英国年轻人中，将近一半人的信心遭受重创。这会在未来几十年里，对英国和其他地区的社会、经济和政治面貌造成冲击。经济景气，年轻人往往就更有信心立下志向，实现目标。①而个人信心对一个国家的发展是至关重要的。要是年轻一代的信心严重流失，一个国家想要重振经济、恢复繁荣的难度会大大增加。

信心的重要性还在于，自信的人会更长寿、更快乐、更健康。例如，研究发现，如果你在心力衰竭之后，伴侣对你的身体状况仍抱有信心，你会活得更久。②信心是会传染的。信心（或缺乏信心）的蔓延可以左右家庭、社区和整个国家的兴衰。20世纪80年代，美国“铁锈地带”③社区逐渐衰落。这不仅是由于工厂倒闭，还是因为信心低迷的氛围蔓延开来，消磨了民众的士气，使得有志之士纷纷离开，另谋出路。跟个人信心一样，集体信心也是可以学习的，我们会在后文详细讨论。

研究发现，信心（或缺乏信心）也可以在家庭、体育界、企业、邻里和整个国家蔓延。随着信心增强和减弱，大脑和身体其他部位的生理状况会发生深刻的变化。④例如，要是你有信心能够应对自己害怕的事情，那么纵然害怕，也会增强免疫系统。⑤有了这份信心，你往往更能够正视焦虑的感觉。反之，要是你缺乏信心，面对害怕的事情，自认无力招架，成

---

① 柳博米尔斯基S.，金L.，迪纳E.. 频繁产生积极情感的好处：快乐会带来成功吗？. 心理学公报（*Psychological Bulletin*），2005，131（6）：803－55.

② 罗尔博M. J.，肖汉姆V.，科因J. C.，克兰福德J. A.，松内高J. S.，尼克拉斯J. M.. 自我之外的自我效能：如果伴侣对心力衰竭患者的身体状况抱有信心，患者会活得更久. 家庭心理学杂志（*Journal of Family Psychology*），2004，18（1）：184－93.

③ 昔日以制造业为主、如今好景不再的地区。——译者注

④ 科尔泰塞A.，阿马诺K.，上泉A.，刘H.，川户M.. 解码fMRI神经反馈可引发个体参与者信心的双向变动. 神经成像，2017，149：323－37.

⑤ 维登费尔德S. A.，奥利里A.，班杜拉A.，布朗S.，莱维内S.，拉斯卡K.. 应对应激源的感知自我效能对免疫系统成分的影响. 人格与社会心理学杂志（*Journal of Personality and Social Psychology*），1990，59（5）：1082－94.

功应对的概率就会下降。

那么，我们所说的“信心”，究竟是什么东西呢？我们觉得这是显而易见的，但要真正地理解“信心”，还得深入探讨近几十年来涌现出来的前沿科学研究。信心是如何在我们的心智、大脑和身体中运作的？信心从何而来，又是怎样蔓延的？信心是普世皆通的，还是因文化、性别或阶层而异？信心是多多益善，还是会过犹不及？如果是后者，过度自信会带来什么后果？同样，如果我们缺乏信心，怎样才能学会增强自信呢？最重要的是，我们个人、家庭、社区、企业和整个国家怎样才能运用对信心的新认识，驾驭信心，造福所有人呢？

What Is Confidence?

Chapter 1

第一章

信心是什么

第一章 | CHAPTER 1

2018年11月19日下午4：35，东京羽田机场，苍白的冬日在这座城市浩瀚的地平线上缓缓沉落。呼号为“N155AN”的湾流（Gulfstream）私人飞机在跑道上降落，轮胎吱吱作响。这是全球航速最快、航程最远的公务机之一。

登机梯放下，机上唯一的乘客心不在焉地抬起头来，目光从平板电脑转到椭圆形的窗外。看到白色的厢型车驶到机身旁停下，他感到一阵惊慌，全身颤动。他眼睁睁看着东京地方检察厅一行黑衣人疾步走上登机梯，前来逮捕他。

他是卡洛斯·戈恩（Carlos Ghosn），首位执掌一家日本车企的外籍人士，一手打造出“雷诺一日产一三菱联盟”这个前所未有的全球联盟。他也力挽狂澜，帮助这三家车企走出颓势，扭亏为盈。1999年，他在日产走马上任，担任首席运营官，当时日产负债229亿美元。8年后，他担任首席执行官满3年，日产的利润达到70亿美元。

戈恩拯救了横跨亚欧的三家巨头，并打造出一个巨无霸联盟，这种做法打破了企业经营的惯例和文化常规。之后，他推出日产聆风（Nissan Leaf），引领个人交通方式的革命性转变，聆风也成为了全球最畅销的电动汽车。

2004年，科技巨头英特尔（Intel）首席执行官、传奇人物安迪·格鲁夫（Andy Grove）跟戈恩说，生产电动汽车的不会是传统车企。[①]在2011年面世、影响深远的纪录片《电动汽车的复仇》（*Revenge of the Electric Car*）中，《华尔街日报》（*Wall Street Journal*）汽车专栏作家丹·尼尔（Dan Neil）对戈恩说："你要推广电动汽车和聆风，会危及到自己的职业生涯和日产的未来。"[②]

但戈恩坚持自己提出的愿景。他聆听了另一个声音——他自己的声音，也是信心的声音。理由是这样的：

> 我们公司分析认为，无论如何，零排放汽车都是未来出行方式的一环。我们可以讨论它会在什么时候实现，在多大程度上实现，但现在没有人可以认真地说，展望汽车行业的全景，零排放汽车没有立足之地。由此做出的决定是显而易见的：只要有这项技术，可以生产出性能良好、消费者又负担得起的汽车，我们就需要推出这款车。在未来10年里，电动汽车会占据10%的市场份额。

接下来，戈恩谈到自己的想法和动机：

> 在某个特定的时间点，必要的技术成熟了，你做了自己的分析，知道需要往这个方向走。总得有人去说："好了，我们要咬紧牙关，向前推进。"在每一项技术中，总得有人开创先河。这

① 哈拉夫R.. 成本杀手：卡洛斯·戈恩的不懈动力. 金融时报，2018年6月15日.

② 电动汽车的复仇[电影]. 佩恩C. 导演.（美国，2011）.

次是我们。我们认为这项技术会带来巨大的裨益，我们为能够率先迈出这一步而感到自豪。[①]

日产聆风斩获了2011年世界年度风云汽车大奖，截至2020年的近十年里，一直是全球最畅销的电动汽车。2018年，挪威有45%的新车是电动汽车[②]，戈恩当年大胆的“10%”预测在这个国家早已成真。

戈恩凭什么有这样的信心，拿自己公司的前途去冒险呢？他无视全球专家的警告，在2007年把公司50亿美元年度研究预算的一半投入到电动汽车研发。这种自我信念究竟从何而来？

2014年8月15日，伊拉克北部，“伊斯兰国”（ISIS）的黑旗在不祥的沙漠尘土后出没。几辆丰田兰德酷路泽呼啸着冲进雅兹迪人居住的科丘村里，车门打开，“伊斯兰国”武装分子鱼贯而出。[③]不出几小时，纳迪娅·穆拉德（Nadia Murad）的母亲和6个兄弟遇害，她被眼神空洞的“伊斯兰国”武装分子俘虏，并沦为性奴隶。这一年，她才19岁。3个月后她趁着“主人”没锁上门的机会，成功逃脱。

在雅兹迪文化中，性暴力的受害者以遭到凌辱为耻，被掳走的女性重获自由之后，大多会自己躲起来。但穆拉德不是这样的。她怀着发自内心深处的决心和信心，昂首挺胸地说出真相。有了这股无形的强大力量，她开始为雅兹迪人和其他受害女性发声，谴责以经文为幌子的强奸和奴役行

① 日产的卡洛斯·戈恩为电动汽车复仇. 耶鲁360度环境观察（*Yale Environment 360*），2011年5月4日. [获取和访问路径：https://e360.yale.edu/features/nissans_carlos_ghosn_seeks_revenge_for_the_electric_car] 引用日期：2020年11月5日.

② 兰伯特F.，Electrek网站，2018. [获取和访问路径：https://electrek.co/2018/10/01/electric-vehicle-sales-new-record-norway-tesla] 引用日期：2020年11月5日.

③ 穆拉德N.，克拉耶斯基J.. 最后一个女孩：我被“伊斯兰国”俘虏和逃脱的故事. 纽约：Tim Duggan出版社，2018.

为。在她的奔走呼吁之下，本来极度保守的雅兹迪文化开始发生前所未有的变化。以前，遭到性侵犯的年轻女性会遭到排斥；如今，在穆拉德的努力下，她们获得社会接纳的可能性大大提高。

2012 年10月25日，德尼·穆奎格（Denis Mukwege）推开自家前门。电光火石间，他看到一支枪指着女儿的头。紧接着，保镖（非洲中产阶级家里常设有看门人）在他面前倒地身亡。他往地上一扑，子弹从头顶上方嗖嗖飞过。

穆奎格是刚果一名外科医生，多年来一心为当地数万名在刚果内战中遭受性暴力的受害女性提供援助。暴徒向穆奎格全家发动了袭击，虽然家人幸免于难，但穆奎格再也忍受不了了。为了安全起见，他离开战火肆虐的祖国，前往比利时。他苦心经营的潘奇医院曾经治疗近10万名受到伤害和性侵犯的女性，医务人员为他的离去感到痛惜。

但3个月后，穆奎格还是放不下心中的愿景，想继续为伤痕累累和受到创伤的病人提供一流的治疗服务，于是返回祖国。为了欢迎他回来，民众夹道迎接他的归来，从卡武穆机场到潘奇医院20英里的道路两边，满满都是人。他的病人和支持者靠卖菠萝和洋葱筹集款项，为他购买回国机票。

纳迪娅·穆拉德和德尼·穆奎格共同获得了2018年诺贝尔和平奖，以表彰他们为反对在战争中使用性暴力而做出的努力和表现出来的勇气。勇气意味着克服恐惧，采取行动。一个人在面临突发危险之际，电光火石的一瞬间，可以迸发出勇气。但等到你有时间冷静思考，要在数日、数月、数年里始终充满勇气，还需要这两位诺贝尔奖得主的致辞中所暗含的另一项要素：信心。纵然面临看似不可逾越的障碍，他们还是相信能够实现目标。

至于卡洛斯·戈恩，我们会在本书最后一章讲完他的故事。但即使你不是诺贝尔奖得主或国际知名的企业家，信心激发的行动也是有意义的。

凯茜·恩格尔伯特（Cathy Engelbert）怀孕5个月了，她刚辞去在国际会计师事务所德勤纽约市总部的高薪职务。多年后，她接受《福布斯》（*Forbes*）记者采访时表示，自己缺乏信心。[①]正当她准备换一份轻松一点的工作，但两位资深同事找她谈话，说她很有潜力，问她为什么要放弃。他们还解释说，男性有义务帮助女性发挥自己的潜力。

2015年3月，恩格尔伯特成为德勤历史上首位女性首席执行官，也是美国第一位执掌“四大”专业服务公司的女性领导者。担任首席执行官期间，她力排众议，推出了家事假政策，确保员工在孩子出生或家人生病后有16周的带薪假期。这对一家美国公司来说是一大进步。采访她的《福布斯》记者表示，这需要“一点勇气”。

同年，在大西洋此岸，另一位女性打破了首席执行官的玻璃天花板。凯茜·恩格尔伯特执掌德勤的几个月后，萨沙·罗曼诺维奇（Sacha Romanovitch）接管致同会计师事务所（Grant Thornton，原名均富），成为首位领导一家大型伦敦金融城会计师事务所的女性。

罗曼诺维奇是伦敦南部一对夫妻收养的孩子。她跟卡洛斯·戈恩和凯茜·恩格尔伯特一样，有信心去做业内无人涉足的事情。首先，她规定自己的薪酬不得超过公司人均薪酬的20倍，这令伦敦金融城其他高管大惑不解。接下来，她推出了面向全体员工的分红制度，而不仅限于合伙人。最具争议性的是，她改变了事务所的战略定位，专注于“秉持宗旨，创造利润”，这意味着她会把道德水平低下的客户拒之门外。

---

① 瓦莱V..“你的职业生涯不是线性的”：德勤首席执行官凯茜·恩格尔伯特谈晋升之路. 福布斯（*Forbes*），2018年4月3日.

信心是什么

有一天，有些同事发布备忘录来批评她。他们公布了她机密的年度考核，声称她在推行“社会主义政策”（在她的领导下，合伙人的人均年薪下降到36.5万英镑）。她接受《金融时报》（*Financial Times*）记者采访时表示，她的政策导致利润在短期内下降，令部分同事反感。[①]她相信，如果追求利润的方式符合企业价值观和宗旨，长远而言利润将会上升；如果追求利润的方式违背了企业价值观和宗旨，最终会损害企业的盈利能力。

2018年10月15日，罗曼诺维奇辞去首席执行官一职。但在卸任之前，她在推文中转发了塞雷娜·威廉姆斯（Serena Williams）的励志诗短片。片中，威廉姆斯亲自朗读了《我仍将奋起》（*Still I Rise*），这是黑人女作家玛雅·安吉洛（Maya Angelou）关于自我信念的诗作。

戈恩、穆拉德、穆奎格、恩格尔伯特和罗曼诺维奇能够充满活力地投入各自的事业，背后都有一股神秘的力量，我们称之为信心。那么，信心究竟是什么东西呢？这究竟是先天决定的，还是可以后天习得的呢？信心从何而来，又是如何运作的呢？

这5个人仿佛都坐上了时光机，穿过通往不确定未来的桥梁。这意味着构想出还不存在的东西：戈恩想象出电动汽车；恩格尔伯特想象出方便员工照顾家庭的公司；罗曼诺维奇想象出更注重平等的咨询公司；穆奎格想象出为受害者疗伤的医院；穆拉德的愿景是改变极其传统的社会，让受到虐待的年轻女性能够重新获得社会接纳。

我们每天都会构筑和跨过桥梁，比起上述例子略显平凡，没有那么浓厚的英雄主义色彩，但还是信心之桥。就举一个平常的例子吧，你想要减

① 马里奇M.. 致同首席执行官与合伙人意见不合. 金融时报，2018年9月21日.

肥，要先迈出小小的第一步：午餐吃得比平时更健康（就一份沙拉）。你对自己能迈出这第一步有多大的信心？信心主要由两部分组成，其中一部分涉及类似于这样的信念："只要少吃一点，我就可以减肥。"在认知心理学上，这称为"结果预期"，是对外部世界的信念——相信如果x发生了，y也就会发生。这样的信念是关于心智以外的世界的，例如"要是戒烟了，我就会更长寿"。

但不是每个人都对外部世界有这样的信念。我听过许多超重的人说："我不管吃多吃少，都会长胖。"还有人对世界有这样的错误假设："我爸抽烟抽到80岁，身体好得很，所以戒烟对我也没多大用处。"

信心的第二部分关系到我们相信自己能做什么，而不是什么事情会不会发生。例如，假设你相信只要少吃一点，就可以减肥。很好，但你开始怀疑自己："我能够坚持只吃沙拉吗？"在心智的未来模拟器中，你开始预想餐前的饥饿感和餐后的空虚感。你对未来的自己有不好的预测，想象自己盯着冰箱里面，心想："天啊，别又是沙拉！"

这样一来，你是否相信自己要是做出正确的决定，会不会得到想要的结果根本就不重要。如果你觉得自己做不到，就不会去做。在认知心理学上，这种预测称为"效能预期"。如果你既不相信自己做得到，也不相信结果会发生，那么信心还没有产生就已经破灭了。

我们可以把结果预期称为"会发生"信念，把效能预期称为"做得到"信念。这会产生四种不同类型的信心，各有不同的想法、情绪和大脑活动模式："做不到/不会发生""做不到/会发生""做得到/不会发生"和"做得到/会发生"。

做不到/不会发生

这种心态会让你坠入“瘫痪”的深渊。假设医生告诉你，验血结果显示，你进入了糖尿病前期，需要锻炼身体。你的心思飘到锻炼身体的情景，想到锻炼的不适和辛苦，心中的情景开始变模糊。你开始想：“不，我做不到的。”然后你想起母亲患有糖尿病，于是想：“锻炼身体有什么用？该得糖尿病还是会得。”你的心思离开了医生嘱咐的话，得出了“不会发生”的结论。

在这种状态下，你的精神疏离，只想躺平，不抱希望。你没有什么可做的，所以也不会焦虑或沮丧。牛津大学（Oxford University）的研究人员在2015年发现，这时你的大脑中只余下冷漠，前扣带回皮层中的动机会有所下降。[①]这意味着你没有桥梁跨越这个深渊。

做不到/会发生

在这种活动模式下，你相信医生的话。你想：“是的，她说得对。”但自我怀疑在心里挥之不去。你想起自己曾经断断续续地锻炼过身体，几分钟后就大汗淋漓，身体不适，于是放弃了。你想起自己很多次打算穿上运动服去慢跑，却又在出发前最后一刻瘫坐在扶手椅上。你黯然得出结论：“我做不到。”

你相信医生的话，没有办法拿“无可奈何”这样的宿命论来聊以自慰。因此，你会感到焦虑。你知道锻炼身体是有用的，但还是不会去做，因此感到羞愧，耸肩驼背，垂头丧气。你觉得自己做不到，所以心情低

---

① 博内勒V.，马诺哈尔S.，贝伦斯T.，侯赛因M.. 大脑前运动区的个体差异引发冷漠行为. 大脑皮层（*Cerebral Cortex*），2015，26（2）：807－19.

落，自我评价下降。斯坦福大学（Stanford University）的研究人员在2002年发现，大脑的自我评价系统位于脑额叶中部，失败和自我怀疑的想法会在这里盘旋。[①]这意味着这座桥梁只有半截，你不足以跨越深渊。

做得到/不会发生

在这种活动模式下，你准备锻炼身体，完全遵从医生的嘱咐。可是，你还是患上了糖尿病，病情只会越来越糟糕。这个世界真不公平。你知道自己可以遵从她的建议，但打心底认为不会有效果。在学校也是这样的。老师说，只要努力学习，考试通过，以后就能找到好工作。你信了他们的话，照他们说的做了，但后来也没找到好工作。专家的话，你再也不信了。

这座信心之桥也只有半截，不过与上一种情况不同，你会感到沮丧、委屈、生气和焦虑。[②]纽约大学（New York University）的研究人员在2015年发现，在这种准备行动的状态下，大脑的奖励系统的神经网络会发出痛苦的信号。[③]你相信自己可以听从医生的话，去锻炼身体，但觉得这并不能治疗糖尿病。

做得到/会发生

在这种活动模式下，你看完医生，马上回家，穿上运动服，开始锻炼

① 奥克斯纳K. N.，邦奇S. A.，格罗斯J. J.，加布里埃利J. E.. 反思感觉：认知情绪调节的fMRI研究. 认知神经科学杂志（*Journal of Cognitive Neuroscience*），2002，14（8）：1215－29.

② 马洪N. E.，亚尔琴斯基A.，亚尔琴斯基T. J.，汉克斯M. M.. 青少年对挫败容忍度低的信念与压力、抑郁和焦虑的关系. 心理学报告（*Psychological Reports*），2007，100（1）：98－100.

③ 索科尔－赫斯纳P.，拉特利奇R. B.. 损失厌恶的心理和神经基础. 心理科学最新指南（*Current Directions in Psychological Science*），2019，28（1）：20－7.

身体。你肯定做得到。你浏览了一个可靠的医学网站，了解到锻炼身体对管理糖尿病是多么重要，于是你想："没错，锻炼身体是有用的。"在这种状态下，你全心投入，身体做好了准备，也期望自己取得成功。密歇根大学（University of Michigan）的研究人员在2015 年发现，这时你大脑中的多巴胺活动会增加，大脑期望奖励。[①]这会让你的心情变好，平复从医生口中听到坏消息的焦虑感。两个桥跨组成坚固的信心之桥，稳稳地架在深渊之上，你正在过桥。

这是简单的版本，生活当然比这更复杂。有时候，"会发生"桥跨笼罩在迷雾之中，而我们又必须过桥。每位企业家、运动员和将恋未恋的人都会面对这个问题。无论他们有多少"做得到"，都无法保证"会发生"。大多数企业终会倒闭；大多数运动员从未夺冠；大多数想要恋爱的人都没能在第一时间找到真爱，也许终其一生也没能遇到真爱。

我们可以想象，卡洛斯·戈恩在职业生涯的大部分时间里，都处于这种"做得到/会发生"的自信状态。他确信自己可以促成雷诺和日产这两家巨头携手合作（做得到）。戈恩进一步预测，结盟有利于这两家公司的财务状况（会发生）。他还想，可以面向大众市场推出电动汽车（做得到），这款车在商业上会取得成功（会发生）。

凯茜·恩格尔伯特和萨沙·罗曼诺维奇都相信自己可以成为首席执行官（做得到），可以为公司带来积极的变化（会发生）。恩格尔伯特是跟两位资深同事谈过心后深受触动，得到启发。纳迪娅·穆拉德深信自己能够说出真相（做得到），可以造福自己和有过类似经历的女性（会发生）。德尼·穆奎格相信自己可以开设为受伤女性提供医疗服务的医院（做得

① 哈米德A. A.，佩蒂伯恩J. R.，马布鲁克O. S.，赫特里克V. L.，施密特R.，万德·韦勒C. M.，等. 中脑多巴胺系统可预示工作的价值. 自然·神经科学（*Nature Neuroscience*），2016，19（1）：117–26.

到），造福许多人（会发生）。

以上的概括简明扼要，但在实际生活中，情况一般没有这么清晰明了。戈恩无法确定合并对三家合作公司是否都有利，也无法确定这款电动汽车在商业上是否会取得成功。罗曼诺维奇和恩格尔伯特也不能肯定自己做出的改变是否会奏效。由于同事不相信变革能带来预期的好处，两人最终都下台了。穆奎格不能确定自己创办的诊所在战火不断的刚果是否能够正常运作。对穆拉德来说，她的行动可能成效欠佳，更糟糕的是，可能会伤害到她想要帮助的女性。

这5位破局者之所以抱有信心，并不是因为自视甚高，也就是说，不是因为他们的自尊。在自尊的评估中，受访者需要回答自己在多大程度上同意这样的陈述："总的来说，我对自己感到满意。""我有高自尊。"[①]你越是同意这些话，就越有可能感到快乐，对自己的工作[②]和伴侣感到满意，还可以享受到许多其他好处。[③]

自尊是对过去的回顾，而信心会让你飞跃到未来，无论是在工作、财务、人际关系、体育运动还是教育上，都是如此。自尊是做不到的；自尊不是对自己未来表现的预测，只是对自我评价的持续概括。而信心是对未来表现的预测。卑尔根大学（University of Bergen）在2014年对2000多名青少年做了研究，发现信心水平远比自尊水平更能有效预测一

① 罗宾斯R. W.，亨丁H. M.，特泽涅夫斯基K. H.. 测量全球自尊：单题项测量和罗森伯格自尊量表的建构效度. 人格和社会心理学公报（*Personality and Social Psychology Bulletin*），2001，27（2）：151－61.

② 库斯特F.，奥思U.，迈耶L. L.. 高自尊可预测更好的工作条件和成果. 社会心理学与人格科学（*Social Psychological and Personality Science*），2013，4（6）：668－75.

③ 埃罗尔R. Y.，奥思U.. 自尊发展和伴侣关系满意度：两项纵向研究. 发展心理学（*Developmental Psychology*），2014，50（9）：2291－303.

个孩子的学业表现，也正是这个道理。[①]

信心还能预测如果你所在的公司重组了，你能否适应[②]；你在找工作时，能得到多少面试机会和工作机会。[③]信心还有许多其他好处，包括你在出车祸导致骨关节损伤之后，过多久能重返工作岗位[④]，以及你的运动表现如何。[⑤]

自尊和自信是不一样的，但经常会同时出现。不过，虽然满怀信心可以提升你的自尊，反过来却未必如此。巴塞尔大学（University of Basel）的研究人员对美国7000多名14岁至30岁的年轻群体做了长达14年的研究，发现了这一点。长远而言，掌控感（与信心密切相关）能够在很大程度上预测一个人的自尊。但随着时间的推移，自尊并不能预测一个人的信心。[⑥]换言之，如果你只是想要自我感觉良好，喜欢自己也不错。但如果你想要成事，就需要信心。

信心最大的来源之一是掌控感，而掌控感来源于克服挑战。从戈恩、恩格尔伯特、罗曼诺维奇、穆奎格和穆拉德的故事中，可以领悟到这个道理。最重要的是，了解信心建立的秘密，你可以学会如何增强信心，我们

---

① 迪塞特Å.，梅兰E.，贝雷达比历克H. J.. 学生的自信：自尊、自我效能和内隐智力理论的年级和性别差异. 学习与个体差异（*Learning and Individual Differences*），2014，35：1－8.

② 吉米森N. L.，特里D. J.，卡伦V. J.. 员工适应组织变革的纵向研究：变革相关信息和变革相关自我效能所扮演的角色. 职业健康心理学杂志（*Journal of Occupational Health Psychology*），2004，9（1）：11－27.

③ 莫伊尼汉L. M.，勒林M. V.，勒平M. A.，博斯韦尔W. R.. 求职自我效能、面试和求职结果之间关系的纵向研究. 商业与心理学期刊（*Journal of Business and Psychology*），2003，18（2）：207－33.

④ 穆加特罗伊德D. F.，哈里斯I. A.，德兰Y.，卡梅伦I. D.. 车祸相关骨科创伤后重返工作的预测因子. BMC肌肉骨骼疾病（*BMC Musculoskeletal Disorders*），2016，17（1）：171.

⑤ 伍德曼T.，哈迪L.. 认知焦虑和自信对运动表现的相对影响：元分析. 体育科学杂志（*Journal of Sports Sciences*），2003，21（6）：443－57.

⑥ 埃罗尔R. Y.，奥思U.. 14岁至30岁的自尊发展：纵向研究. 人格与社会心理学杂志，2011，101（3）：607－19.

在下文中会详细讨论这一点。

事实上，维护自尊需要消耗心理能量，反而可能令人顾不上采取有益的实际行动并建立自信。例如，西北大学（Northwestern University）在2009年做了一项研究，研究人员让学生写下关于自己的故事，以此操纵学生的道德自尊。研究人员要求第一组学生在故事中用上“钥匙”“房子”等中性词；要求第二组学生用上“不忠诚”“刻薄”“贪婪”等道德上负面的词；要求第三组学生在写自己的故事时，用上“关怀”“慷慨”“公平”“善良”等道德上正面的词。

研究结束时，研究人员跟学生说，参与者通常会自己选择慈善机构捐款，请他们也这样做。使用中性词写故事的学生人均捐款2.71美元。使用道德负面词语写故事的学生人均捐款5.30美元。而那些用了“慷慨”“善良”等词写故事、道德自尊得到提升的学生又如何呢？他们的人均捐款仅仅只有1.07美元。[①]

这种现象称为“道德许可”，意味着当你自认为道德良好，就有借口做出不良行为。这大致上是你潜意识提升自尊的方式。与信心专注于外部世界不同，保护自尊会让我们的注意力转向内部，光是想到做好事，就在心里给自己加了印象分。

光是想到日后去做有意义的事情，我们就在心理上给了自己一种“许可”，允许自己在当下做出不良行为。换言之，道德信誉就好像一个银行账户，良好的用意会提升我们的自尊（存款），这反过来会损害我们的实际行为（取款）。

就此而言，自尊可能只是让我们沾沾自喜，却分散了我们投入实际行

---

① 萨赫代娃S.，伊利耶夫R.，梅丁D. L.. 有罪的圣人和圣洁的罪人：道德自我调节的悖论. 心理科学（*Psychological Science*），2009，20（4）：523－8.

动的精力，其效果与信心截然相反。假如戈恩、恩格尔伯特、罗曼诺维奇、穆奎格和穆拉德的主要动机是提升自尊，就不可能在现实世界里取得如此耀眼的成就。

在下一章会讨论信心是如何运作的：信心会影响到心智中的每个情绪和想法、大脑中的每个神经元、每一时刻的动机，以及日常生活中的每一个行动；人的心智是一台预测机器，会预期日后会发生什么事情，并据此安排活动。

信心也是一台绝妙的预测设备，是人类为了生存繁衍进化出来的。无论是打高尔夫球时推球入洞、公开演讲，还是经历分手的悲痛后重整生活，信心都是对成功的预测。最重要的是，信心可以后天习得。那么，我们现在就来考虑一下，信心在心智和大脑中是如何运作的吧。

How Confidence Works

Chapter 2

第二章

信心是如何运作的

第二章 | CHAPTER 2

2007年7月，苏格兰东岸的卡诺斯蒂，天气寒冷。在球根状云的笼罩下，爱尔兰高尔夫球手帕德里哥·哈灵顿（Padraig Harrington）在英国公开赛（British Open）中夺冠。这是高尔夫球界最负盛名的大赛之一，他的夺冠冲刺之路峰回路转，在高尔夫球史册上留下了浓墨重彩的一页。整个过程生动说明了信心是如何起作用的。

哈灵顿在大赛倒数第二个洞发球。英国公开赛冠军专属、举世闻名的“葡萄酒壶奖杯”（Claret Jug）已经近在咫尺。他与劲敌塞尔希奥·加西亚（Sergio García）相比，握有一杆的领先优势。他已经完全进入了忘我状态。后来，他回忆道：“我打出了低于标准杆6杆的成绩，本来还可以表现更佳。一切都顺风顺水。当时，我简直是全世界最自信的人。”

然后，发生了奇怪的事情：

> **我站上发球区，准备大力挥杆，走中间线路……我整整一天都打出了直线球，感觉再好不过了……然后在上杆顶点，我感觉到一丝怀疑。**

那一刻，他心里出现了一根怀疑的针，在信心的气球附近徘徊。接着，他打出了右曲球，球掉进了巴利溪（Barry Burn）混浊的水中。这条臭名昭著的小溪蜿蜒曲折地流淌过球场。哈灵顿过桥去接受罚杆，遇上塞尔希奥·加西亚。

> 塞尔希奥朝我露出了微笑。我不想流露出失望，想要表现得坚定果敢。他又有希望了，他知道我接受了罚杆，知道我还有麻烦，心情应该很差。但我并没有觉得特别低落……当时我感觉还好。

哈灵顿在第18个也是最后一个发球区摆好架势。奖杯还在眼前熠熠生辉。真是灾难，他又把球打进了巴利溪。那根怀疑的针终于刺破了信心的气球。

> 我这辈子从未有过这样的反应……我已经输掉了英国公开赛……我从未在高尔夫球场上想要举手投降。我想放弃。我感到尴尬，我发挥失常了……奖杯本来是我的囊中之物……我手握一杆的领先优势，冠军在望……却葬送了大好局面。

这位高尔夫球手的信心烟消云散了。他拖着沉重的步伐，走上最后一个洞的球道，又要接受罚杆。他迷迷糊糊的，不知怎样走的头50码。幸好他的球童罗楠·弗拉德（Ronan Flood）就在身边。他们一边走，弗拉德一边不断地对哈灵顿说，他的低飞球和推球是世界上最好的（要保留夺冠希望，他需要打出最好的低飞球和推球）。“一次打好一杆，你的低飞球和推球是世界上最好的。一次打好一杆，你的低飞球和推球是世界上最好的。”弗拉德一遍又一遍地重复这句话。

> 他就这样……不停地念叨这句话……幸好他帮我拿着球杆……不然我真恨不得拿球杆来敲他……我当时已经无心恋战……但他不停地念叨这句话……一次打好一杆，这只是老生常谈而已……

哈灵顿神色沮丧，完全失去了信心，但弗拉德还是一遍又一遍地重复这句话，不让他心中浮现出其他想法。他们朝着球走去，哈灵顿准备打好倒数第二杆挽救比赛。这时，哈灵顿的心态发生了变化。他摆好站姿，准备把握住这重要的一杆。

> 我站在那里，感觉非常兴奋，打出了很好的低飞球……打出这记低飞球的时候，我达到了前所未有的忘我状态。感觉良好的时候，要打出一记好球真的很简单……感觉不好的时候，要打出一记好球真的很难。当时，我的心情本来应该处于低谷的。

球童几乎机械般地不断重复一个信念：哈灵顿做得到。不知怎的，哈灵顿信心的气球重新膨胀起来。

> 在当时的情况下，我居然能够回到忘我状态，打出这记球……这全是弗拉德的功劳……没有他，我是做不到的……我已经忘了前面一塌糊涂的失误……那一刻，我几乎忘了英国公开赛……在看台上两三万名观众面前，我有机会打出一记好球，

让他们欢呼雀跃。[①]

哈灵顿打出了两记绝妙的好球，在与加西亚的延时赛中获胜，成功夺冠，举起奖杯。观众发出雷鸣般的欢呼，他们刚刚目睹了跌宕起伏的比赛进程，这恰恰反映了球员在赛事中信心的起伏。

但故事到这里还没有完结。我在都柏林跟哈灵顿的熟人聊过，得知了事情的后续。哈灵顿夺冠后第一时间在果岭上纵情庆祝，之后去参加庆祝活动和接受媒体采访，与球童分开了几小时。这一晚结束时，两人一起坐上了礼宾车，返回住宿的酒店。哈灵顿转头看着球童说："要知道，弗拉德，我以为自己输定了，全世界都以为我输定了。只有一个人相信我还会赢，那就是罗楠·弗拉德。"弗拉德大笑起来。哈灵顿疑惑地问："有什么好笑的？"弗拉德回答道："我也以为你输定了。真没想到你还会赢！"

说出有信心的话

帕德里哥·哈灵顿在上杆顶点，感觉到"一丝怀疑"。这丝怀疑究竟从何而来？

请暂时停下手上的事情，努力捕捉心中闪过的想法。我试了一下，是这样的：

> 坐在椅子上，大腿感觉到挤压……打字时，传来键盘的声响……我今晚要吃点什么呢……窗外刚有海鸥飞过……这是我应该写的东西吗……木质窗框……iPhone黑屏，没有人给我发

① 内维尔S.. 球童帮我赢下了英国公开赛：帕德里哥·哈灵顿回忆2007年夺冠之路. 爱尔兰观察报（*Irish Examiner*），2018年7月19日.

信息……打开了笔记本……必须给航空公司打个电话……午餐吃得很饱……腿感觉很僵硬，要不要想想办法……风吹过，树叶沙沙作响……我接下来要锻炼一下身体才好……记忆中在海滩上度周末的情景……在海里游泳，水温有点冷……我这本书写得完吗……又有一只海鸥飞过……笔直的地平线，斑驳的海水，灰色的云，糟糕的夏天……周末会暖和一些吗……

我只能捕捉到其中一些想法，还有许多难以言喻的意象和身体感受一闪而过。再试一次，看你能否捕捉到心中闪过的想法。

这些只是我们有意识的想法。我们心里还发生了许多其他心理事件，是我们完全没有意识到的。外部世界（例如声音或气味）会引发身体感受，加上我们经常会想起过去的事情，做白日梦，这些都会触发心理事件。例如，你或许还没意识到自己口渴了，就在不知不觉中拿起空无一物的杯子喝水。你或许会纳闷自己为何会精神紧绷，后来才意识到昨天同事带刺的一句话还让你耿耿于怀。

无数想法和意象掠过我们心头。想要追究哈灵顿的“一丝怀疑”究竟从何而来，实在问错了问题。如果你在一场世界级的体育赛事中，以微弱的优势领先，怎么可能没想到自己可能会出现失误、葬送优势呢？

哈灵顿对这种感觉是这么说的：“在上杆顶点，我感觉到一丝怀疑……不知不觉中，就可能引起巨大的反应。”

这个小小的想法（大概是“我可能会出现失误、葬送优势”）确实引起了反应。令人目眩的冠军奖杯触手可及，却突然好像要飞走了。一想到这里，焦虑就充满了哈灵顿的大脑。对大脑来说，你预期的奖励拿不到手，就如同受到惩罚。而面对可能的惩罚，我们会产生恐惧。[1]一波又一波的干扰性活动掠过这位高尔夫球手的大脑，也难怪他两度（还不止一次！）把球打进了巴利溪。那么，我们要回到一个问题：人（包括哈灵顿）的大脑中充满了各种想法，我们怎样才能避免陷入没完没了的自我怀疑呢？

我们的心智会产生一连串联想。想到成功，接下来必然会想到失败。成功和失败就像连体双胞胎，通过语言、千百年来的神话和故事紧紧地联系在一起。所以，要是你唤起成功的想法，失败的想法便随之而来。

那么，我们岂不是全都会心思杂乱，陷入无尽的自我怀疑，产生相互冲突的冲动，做项目总是半途而废？为什么不是这样？唉，有些人确实是这样的，这样的人也太多了。不过，习惯、惯例、熟人和熟悉的地方都有助于我们调节想法和情绪。这样一来，我们就可以保持良好的运作，避免陷入无尽的自我怀疑和优柔寡断。想法和意象会不断地浮现、流动，而有了外部的“棚架”，这些想法和意象就会停留在细小的通道中。

我们通常要等到“棚架”倒塌，例如裁员或分手，才意识到它的存在。在一场国际知名的体育赛事中握有领先优势，并没有习惯的“棚架”来调节心智，遏制怀疑的想法。竞争十分激烈，全神贯注的难度极大，即使是冠军人物，也很少能长时间保持巅峰状态（众所周知，泰格·伍兹是例外）。那么，哈灵顿是怎样做到的呢？尤其是他已经两度离奇失误，把球打到水里，为此感到无地自容的情况下，他是怎样找回状态的呢？他力挽狂澜的故事在体育界写下了精彩的一页，我们来回顾一下，他当时是怎么想的：

---

① 瓦格纳A. R.. 令人挫败的奖励落空：惩罚的一种形式 // 坎贝尔B. A.，丘奇R. M.. 惩罚和厌恶行为（*Punishment and Aversive Behavior*）. 纽约：Appleton-Century-Crofts出版社，1969：157－81.

……走到我的球边，我已经相信了他的话。我站在那里，感觉非常兴奋……打出这记低飞球的时候，我达到了前所未有的忘我状态……这全是弗拉德的功劳……没有了他，我是做不到的……我已经忘了前面一塌糊涂的失误……那一刻，我几乎忘了英国公开赛。

哈灵顿是怎样遏制住失败的想法的？是凭着集中注意力。他全神贯注，一心打好接下来两记球，把整场比赛抛诸脑后。大脑的注意系统命令他的想法和意象只集中在与眼前任务相关的事情，像以往无数次那样，打好这两记球。他抛开了夺冠的想法，失败的意象也就随之消失了。

注意力为他打好这两记球扫清了障碍。这就像一扇可以开合的门，可以控制在某个时刻他心里都有些什么东西。而我们内心里的东西，也就是内心想法又会左右我们的情绪。

我们来看一下哈灵顿的情绪是怎样起起伏伏的，这完全取决于注意力允许哪些想法进入他的意识。这一分钟，他梦想着举起奖杯；下一分钟，他想要跑到没人的地方躲起来。在第17洞和第18洞之间，外界并没有发生什么变化，唯一改变的是他的想法。

在这两个洞，他都把球打飞了。可是第一次，他并没有患得患失，没有动摇；但第二次，他的情绪受到了重大打击。只有他的想法发生了变化，其他什么都没有变。他的注意力是一扇门，在第17洞对积极的想法开放，而在第18洞对消极的想法开放。

在他（和球童）心目中，他表现得一塌糊涂，已经输掉了比赛。但罗楠·弗拉德对注意力（和信心）颇有一些了解。弗拉德并不相信自己所说的话，但他相不相信并不重要。他要控制住哈灵顿的注意力，因为他的老板已经失控了。哈灵顿的想法就像一群羊；而弗拉德就是农夫，赶着羊一只一只地通过狭窄的门口，进入给羊洗药浴的洗羊池。弗拉德只允许与低飞球和推球相关的想法通过。与低飞球和推球相关的意象是极少数的，只有与这些意象相关的记忆能够从哈灵顿的记忆库里调出来。这些记忆关系到过往的成功——低飞球和推球是他的强项。就这样，弗拉德让哈灵顿进入了所谓的“忘我状态”。

在这过程中，信心起到什么作用呢？答案是，注意力为信心扫清了障碍，让信心能够发挥作用。哈灵顿的注意力集中到一个具体目标上：打好低飞球。长久以来，他都能够成功地实现这个目标。这些记忆令他深受鼓舞，于是，他相信自己“做得到”。弗拉德硬生生地迫使哈灵顿集中注意力，进入一种近乎恍惚的状态，只给哈灵顿的行为留下很小的空间。弗拉德仿佛用栅栏围住了哈灵顿的想法，给哈灵顿注入了信心，让哈灵顿相信自己可以打好低飞球，使球飞上果岭，再推球入洞。

弗拉德说的或许不是真心话，但只要说出来，就会奏效。语言是强大的工具，可以控制我们的注意力，也就能控制我们的情绪。如果我们能够控制自己的注意力和感觉，就可以专注于在自己的控制范围内、有机会实现的目标。夺冠涉及许多其他因素，不在哈灵顿的控制范围内；但在第18洞打好低飞球和推球，却是在他的控制范围内的。他可以集中注意力，界定并专注于这个目标，也深信自己可以实现。

信心是相信你自己可以做到某件事。在本书后文中，我们会探讨信心是怎样让你在心理、身体和情绪上充满力量，你可以学会驾驭信心，像哈灵顿一样从中获益。但从弗拉德和哈灵顿的例子中可以看到，关键是把注意力集中到具体目标上，知道自己什么时候可以实现目标，实现与否。人之所以会缺乏信心，经常是由于目标不清晰，没有全神贯注地专注于目标所致的。

如果你是年轻的高尔夫球手，把目标定在赢得英国公开赛，那么十有八九坚持不了多久，就灰心丧气地放弃了。你把目标定得太高、太遥远，不在自己的控制范围内，因此，能实现目标的概率是十分渺茫的。如果你没有什么特定的目的，只是为了玩得开心而打球，这当然也没有错，但不太可能取得巨大进步。目标既要具有挑战性，又要可实现，需要找到“最佳平衡点”。信心在这个心理地带中运作，既是因，也是果。你要是相信自己可以打好低飞球，使球飞上果岭，就更有可能做到；而做到了以后，你又会进一步增强信心。

但这里面还有其他效应在发挥作用。

哈灵顿成功地把注意力集中到打好第18洞的两记球，甚至把英国公开赛抛诸脑后。就这样，他能够控制住自己的心理，这是很了不起的。他刚才犯下两个低级错误，情绪受到冲击，又要在3万人面前打球，需要承受巨大的心理压力。他心里充斥着各种各样的想法和情绪，这时想要集中注意力，以此恢复心理秩序，难度极大。

注意力是哈灵顿的心理调节器，他能够控制住自己的心理，也就增强了对注意力的信心。如果你有信心能够控制自己的想法和情绪，那么，无论遇到什么情况，都会取得更好的表现。

注意力和信心是强大的组合，要善加利用，语言是最方便的工具之一。球童弗拉德说的或许不是真心话，但只要话一出口，就能够有效地指挥我们的注意力和信心。

哈灵顿说自己在第18洞打出那记至关重要的低飞球时，感觉“兴奋”，这个词用来描述他心跳如雷、手心冒汗、胃部痉挛的状态，很能说明问题。但记得吗，才几分钟前，他发球失误，也出现了同样的症状。

当时，他用“尴尬”（焦虑和丢脸）来描述这些感觉，甚至想要“举手投降”。

描述感觉的词语和感觉本身，究竟哪个在先，哪个在后？要确切地回答这个问题，唯一的方法是做实验。匹兹堡大学（University of Pittsburgh）的研究人员要求志愿者在大庭广众之下，做一项伤脑筋的心算任务。开始之前，参与者被分为两组。不管实际上有什么感觉，第一组参与者都要大声说：“我感到焦虑。”而第二组参与者都要大声说：“我感到兴奋。”比起那些把心跳如雷、胃部痉挛的感觉理解为焦虑的参与者，那些告诉自己“我感到兴奋”的参与者心算表现更好。[①]光是改变了一个用词，就可以让人表现更好，我在第五章会解释其中的道理。在这里，我想要说明的是，仅仅大声说出积极的话，就能够让你集中注意力，更好地实现自己的目标。

哈灵顿和弗拉德复述了走过那50码去打那关键一球的一路上，弗拉德说了些什么话。我们从中可以看到，语言具有类似于催眠的作用。催眠是控制注意力的一种古老方法。因此，只要以催眠的方式说出有信心的话，就能增强信心，提升表现。

英国两所大学的运动心理学研究人员在2010年做了一项研究，证实了这一点。他们给一组足球运动员做催眠，提升球员在踢球时的自信，而对照组的球员只是观看职业足球比赛的剪辑视频，随后，比较两组人的踢球表现。[②]比起对照组，在催眠中接受过训练的球员更有自信能够射正。即使在接受训练后4周，他们射正的比例也远高于对照组。

---

① 布鲁克斯A. W.. 兴奋吧：把赛前焦虑重新界定为兴奋. 实验心理学杂志：总论（*Journal of Experimental Psychology: General*），2014，143（3）：1144－58.

② 巴克J.，琼斯M.，格林利斯I.. 评估催眠对自我效能和足球对墙抽射表现的即时和持续影响. 运动与锻炼心理学杂志（*Journal of Sport and Exercise Psychology*），2010，32（2）：243－52.

那么，信心在你的心智中是如何运作的？信心能帮助你注意应该注意的事物，让你做得更好，这反过来又会让你更加自信，表现更好，如此类推。我们对自己的劝慰会把信心和注意力捆绑在一起，即使不是真心话，也没关系。例如，你上台准备发言，紧张到双腿颤抖。但只要说出“我感到兴奋”这句话，就可以让你在客观上表现得更好，增强你对下一次发言的信心。

那么，信心有一部分是你对自己说的话。对自己说些什么话，是可以自己选择的，也就是说，我们在一定程度上能控制自己的信心水平。

信心是变形镜

2016年6月23日（星期四），英国就脱离欧盟举行全民公投，“脱欧派”险胜。虽然英格兰银行行长等人发出了严峻警告，表示“脱欧”会严重损害英国经济增长前景，但赞成“脱欧”的人数还是过半。[①]据预测，“脱欧”后，底层民众的命运会更为多舛，而恰恰是这部分人不成比例地投票赞成“脱欧”。

公投后的这些年里，选民可以看到众多享有国际盛誉的经济学家对英国经济前景发表悲观的预测。可是，“脱欧派”政客却通过一边倒支持“脱欧”的大众媒体，发表了更多对经济前景的乐观憧憬。

收入和受教育程度较低的民众对“脱欧”支持率较高。而收入和受教育程度较高的人士最能够受惠于经济全球化，倾向于投票赞成“留欧”。然而，还有另一项因素左右了英国“脱欧”公投，引发了英国数百年来最大的政治危机。这项因素就是年龄。

---

① 塔普斯菲尔德J.. 英格兰银行行长马克·卡尼警告“无协议脱欧”会导致英国陷入经济衰退和通胀急升，新“恐惧计划”令英镑再度急跌. 每日邮报（*Daily Mail*），2019年8月1日.

信心是如何运作的

在18岁至24岁的年轻人中，投票赞成“脱欧”的比例只有27%，而65岁或以上人士有60%投票赞成“脱欧”。[①]两年后，研究人员询问他们，若有第二次公投，他们会作何选择。65岁或以上人士中，赞成“脱欧”的比例上升至66%；而18岁至24岁的年轻人中，赞成“脱欧”的比例下降至18%。[②]

关于英国“脱欧”会对经济产生什么影响，每个人都接触到海量信息。老年人和年轻人或许会选择注意不同的信息来源，但英国有相对公正的全国广播公司，观众可以在相当程度上接触到与自己观点相反的信息。可是，这些预测对年轻人和老年人的影响是相反的。为什么会这样？答案关系到信心的运作方式。这一点可能会让你费解，也从一个很有意思的方面揭示了大脑是怎样加工英国“脱欧”相关信息的。

想象一下，你在念一门大学课程，等待自己的成绩出炉。你希望能拿到B，但打开电邮，发现自己只拿到了C。你对日后学习表现的自信遭到了打击。再想象一下，你希望能拿到B，结果却拿到了A。于是，你信心大涨，重塑了对自身学习表现的评价。

信心就是这样运作的。你每次表现优于预期或取得成功，信心都会逐渐增长；而你每次抱有希望却又以失望告终，信心都会逐渐减损。那么，难道你的自信只是生活加减变化、日积月累的最终结果吗？

原来，大脑并不是这样运作的。大脑更爱加分，而不太爱减分，也就是说，大多数人都会戴着“玫瑰色”眼镜看待自己和自己的未来。这也称

---

① 贝克尔S.，费策尔T.，诺维D.. 谁投票赞成“脱欧”？. 德国IFO经济研究所杜塞尔多夫竞争经济学中心报告，2017，15(4)：3－5.

② 柯蒂斯J.. 换作现在，年轻人和老年人在“脱欧”公投中会怎样投票. BBC新闻，2018. [获取和访问路径：https://www.bbc.com/news/uk-politics-45098550] 引用日期：2020年11月5日.

为“不对称更新（asymmetric updating）”。①正因如此，大多数人都怀有所谓的“优越感错觉”，相信自己比其他人更强。

例如，大多数司机都觉得自己的驾驶技术高于平均水平②，在统计学上，这是不可能发生的。外科医生和许多其他职业的人士往往会高估自己的职业技能，不过，女司机和女外科医生对自己能力的评估比男性更准确，我在下文中会进一步讨论这个问题。

大多数人都怀有不切实际的乐观想法。罗格斯大学（Rutgers University）研究人员发现，人们认为自己患上肺癌的概率比一般人低32%③，离婚的概率比一般人低49%。学生一般认为自己得奖的概率比“一般”学生高13%。即使是随机抽牌，人们也会大大高估自己抽到好牌的概率。价值数万亿美元的博彩业就是利用这种“变形镜”来牟利的。④

为什么好消息对信心的影响比坏消息更大呢？好消息（例如发现你患上癌症的概率低于预期）会记录在大脑前半部左侧、脑额叶的中间。坏消息（例如发现你患上癌症的风险高于预期）会记录在大脑右侧的右侧额下回。⑤

大多数人的大脑对好消息的反应都远比对坏消息更快。我们对好消息

---

① 沙罗特T.，加勒特N.. 形成信念：效价为何重要. 认知科学趋势（*Trends in Cognitive Sciences*），2016，20（1）：25 - 33.

② 麦克纳F. P.，斯塔尼尔R. A.，刘易斯C.. 男性和女性对驾驶技术的自我评价幻觉相关的因素. 事故分析与预防（*Accident Analysis and Prevention*），1991，23（1）：45 - 52.

③ 潘迪V.，沃尔夫J.，布莱克S.，凯罗尔M.，利亚皮斯C.，贝里奎斯特D.. 对手术技术技能的自我评价：需要专家反馈. 英国皇家外科医师学会年鉴（*Annals of the Royal College of Surgeons of England*），2008；90（4）：286 - 90.

④ 温斯坦N. D.. 对未来生活事件不切实际的乐观态度. 人格与社会心理学杂志，1980，39（5）：806 - 20.

⑤ 米切尔D. G.，罗Q.，阿夫内S. B.，卡斯普日茨基T.，古塔K.，陈G.，等. 适应动态刺激反应值：额下回、背内侧和背外侧前额叶皮层对决策贡献的差异. 神经科学杂志（*Journal of Neuroscience*），2009，29（35）：10827 - 34.

的偏向越多，大脑前半部左侧与情绪中心（例如杏仁核和脑岛）之间的联结就越强。换言之，在乐观者的大脑中，连接好消息和情绪中心的“电缆”更粗。令人惊叹的是，积极的思维也会让你戴着“玫瑰色”眼镜看待过去，让你的记忆变得更加积极。[①]

也有例外情况。那些杞人忧天的悲观者难以乐观地看待问题，大脑对好消息的偏向较少。[②]轻度抑郁的人士也是这样。[③]

我们要说明一点：我们不会忽略坏消息，坏消息确实会影响到我们对未来的看法，但大多数人的大脑给好消息的权重更大。不过，好消息和坏消息之间有一个显著的差异，有助于解释大脑是怎样加工英国“脱欧”相关信息的。

终其一生，一个人对好消息的反应不会发生多大变化。可是，坏消息的情况就很不一样了。我们的大脑在40岁左右对坏消息反应最大——小时候反应较小，随着年龄增长缓慢地攀升，到中年期达到高峰，然后又在六七十岁的时候逐渐下降，到了80岁，人对坏消息的反应远低于童年的水平。[④]

由于大脑对坏消息的处理能力下降，65岁或以上人士往往无视经济学家和银行家对英国“脱欧”发出的严峻警告，称之为危言耸听的“恐惧计划”。老年人的大脑对坏消息的反应跟年轻人不一样，因此，对英国“脱

---

① 德维特A. L.，沙克特D. L.. 乐观的思维会让你戴着“玫瑰色”眼镜看待过去：情节模拟对相继记忆的影响. 心理科学，2018，29（6）：936－46. 另见：沙克特D. L.，亚的斯D. R. 乐观的大脑. 自然·神经科学，2007，10（11）：1345－7.

② 沙罗特T.，科恩C. W.，多兰R. J.. 面对现实，不切实际的乐观态度为何能够维持. 自然·神经科学，2011，14（11）：1475－9.

③ 加勒特N.，沙罗特T.，福克纳P.，科恩C. W.，罗西埃J. P.，多兰R. J.. 摘下“玫瑰色”眼镜：抑郁症患者无偏向信念更新的神经基础. 人类神经科学前沿（*Frontiers in Human Neuroscience*），2014，8：639.

④ 沙罗特T.，加勒特N.. 形成信念：效价为何重要. 认知科学趋势，2016，20（1）：25－33.

欧”的后果抱着盲目乐观的态度。难怪他们越来越坚定地赞成“脱欧”，而18岁至24岁的年轻人（的大脑）越来越坚定地反对“脱欧”。

信心是变形镜，会让我们无视相反的证据，依然抱持乐观态度。信心不只是言语，还是一种轻度妄想，没有了它，我们不可能登月、发明互联网或消灭天花。这种妄想还有另一个重要作用，可以解释信心的原理。

幸运兔子奥斯华：信心是抗抑郁药

1933年，美国仍深陷于漫长的经济危机，也称为“大萧条”。华特迪士尼公司（Walt Disney）旗下的卡通人物幸运兔子奥斯华在一部名为《信心》(*Confidence*）的动画短片中亮相，片子广为流传。[①]奥斯华是一位农夫，管着一群下蛋的母鸡。母鸡快快活活地生活在一起。可是，一个戴着头罩的黑色“死亡”身影从臭熏熏的废墟中出现，让农场里的母鸡陷入了萎靡抑郁的状态。奥斯华前往华盛顿特区，与罗斯福总统会面。总统给了他“信心”的针剂，让他给农场里的母鸡注射。母鸡奇迹般地从悲伤麻木的状态中恢复过来，又开始下蛋了。

75年后的2008年，美国和其他地区陷入了另一场经济危机，称为“大衰退”。在这场危机中，数以万计的美国人破产、失业、无家可归。受此影响，心理健康出现问题的人数大幅攀升，例如感到抑郁、焦虑，甚至在“大衰退”结束多年后仍未恢复。[②]他们可不像奥斯华农场里的母鸡那么幸运，没有哪个总统能提供信心的血清，一针下去就消除抑郁。据估计，在2008年至2010年间，“大衰退”导致欧洲和北美地区自杀人数增

---

① 幸运兔子奥斯华 [动画片]. 兰茨W.导演.（美国，1933）. [获取和访问路径：https://www.youtube.com/watch?v=VjGTCchapOk] 引用日期：2020年11月5日.

② 福布斯M. K.，克鲁格R. F.. 大衰退和美国人的精神健康. 临床心理科学（*Clinical Psychological Science*），2019，7（5）：900－13.

加了1万人。[①]

从奥斯华的卡通片中可以清楚地看到，世人早就认识到信心、抑郁和焦虑之间的多重关系。在情绪（例如心情低落和焦虑）日益医疗化的当下，往往会让人忘记一个常识：遇到具有威胁性的不良情况，我们往往会感到悲伤和焦虑。这些是正常反应，在绝大多数情况下，都不是大脑出了什么毛病所引起的疾病。信心的主要任务之一是作用于我们的心智，是我们的抗抑郁药。

信心也是很有效的抗焦虑药。其中的原理是这样的：人脑是一台预测机器，会持续预测未来会发生什么事，大多数时候都是在潜意识下发挥作用。一旦预测出错，就会彻底唤醒大脑的意识。例如，对向车道上的一辆车突然变道，驶入了你的车道，迎面而来；又或者朋友告诉你说，他已经到了癌症末期。

当你预计自己会取得成功时，大脑中央的奖励系统的神经网络深处会释放出一股强大的活动波。在这过程中，神经递质多巴胺是关键的化学信使。奖励系统的神经网络的活动自然会产生激励、抗焦虑和抗抑郁的效果。我们刚才也看到了，大脑具有偏向，对正向预测误差反应较大，而对负向预测误差反应较小。

当你取得略优于预期的表现，给了自己一个小小的惊喜，又或者千辛万苦地克服了困难，取得意外的成功，这时最能让你的心情变好。大脑的奖励系统的神经网络是通过预测误差来运作的。所谓“预测误差”，也就是过往预测与现实情况之间的不匹配。因此，如果你已经能够轻轻松松做到某件事，再做这件事也不能让你的心情飞跃起来。但如果你排除万难才

---

① 里夫斯A.，麦基M.，史塔克勒D.. 大衰退引发欧洲和北美地区的经济类自杀. 英国精神病学杂志（*British Journal of Psychiatry*），2014，205（3）：246－7.

做到某件事，意外的成功会让大脑神经网络产生积极的情绪，令人心满意足。这就是掌控感，是信心最重要的来源之一。

如果由于经济不景气，你失业了，钱财蒙受损失，甚至连房子也保不住，这就产生了负向预测误差，会让奖励系统的神经网络的活动减少。多巴胺活动减少，会让你心情低落，焦虑水平飙升。[①]即使没有遭受剧变，经济衰退也会打击你对财务前景的希望，让你心情低落，压力水平上升。最重要的是，你的自信会有所下降。[②]

我们在上文中看到，除了抑郁症患者或长期悲观的人士之外，大多数人都怀有不切实际（在统计学上不成立）的信心。但人类采取这种自我欺骗的策略，并没有在现实面前撞得头破血流，反而如鱼得水。为什么会这样？因为信心可以抵抗抑郁，平复焦虑，让我们心情变好。我们心情好了，就可以满怀希望地采取行动，往往能够取得丰厚的回报。

信心也能带来财务上的回报。国家体育运动队的胜负会影响到股市的涨跌。例如，英格兰足球队的成绩起伏会左右富时100指数（FTSE 100）的表现。天气晴朗也会让投资者心情变好，提振股市表现。由此可见，信心和快乐是亲密无间的姐妹。[③]

这就是信心运作的第三种方式。信心可以非常自然而有效地让心情变好，平复焦虑。心情好了，焦虑少了，最重要的结果是什么？这个问题的答案就在于信心运作的第四种方式——采取行动。

---

① 邓洛普B. W.，内梅罗夫C. B.. 多巴胺在抑郁症的病理生理学中扮演的角色. 普通精神病学文献（*Archives of General Psychiatry*），2007，64（3）：327－37.

② 朔恩I.，莫蒂默J.. 青年和大衰退：价值观、成就导向和未来展望是否受到影响？. 国际心理学杂志（*International Journal of Psychology*），2017，52（1）：1－8.

③ 卡普兰斯基G.，利维H.，费尔德C.，费尔德－默库洛瓦Y.. 快乐的人会成为乐观的投资者吗？. 金融与定量分析杂志（*Journal of Financial and Quantitative Analysis*），2015，50（1－2）：145－68.

采取行动

乔安娜是常驻伦敦的商业顾问，事业有成，薪酬丰厚，经常加班加点。她头脑聪颖，分析能力出众，做事有条不紊，同事和老板都喜欢她。本来，她会在成为合伙人的道路上高歌猛进，可是却遇到了一个问题：与人会面会让她感到焦虑，尤其是与陌生人（例如新客户）会面。即使是参加同事的正式聚会，她也会明显地感觉到自己面红耳赤，十分尴尬。

乔安娜能力出众，可一旦她开始逃避会面，她的事业可能陷入停滞。她会以约了别人为借口，迟到早退。最初，她纵然内心焦虑，给客户做简报时发挥也十分出色，能够一针见血地分析复杂的商业问题，令客户赞叹不已，可是随着焦虑越来越严重，她的信心也不断下降。有一次与重要客户开会，她说着说着，就不知所云了。她为此十分沮丧，不得不辞职回家。

老板开始把案子交给其他同事做。这些同事能力逊色于她，可是更善于给客户做简报，跟客户社交应酬。每逢周末，乔安娜就把自己关在伦敦北部的单间公寓里，这种孤立的状态也蔓延到她的工作中。她从英格兰北部搬到伦敦之后，社交生活本来就不是很活跃，现在更是少得可怜。她不仅在工作中逃避开会，也开始回避生活中的社交聚会。

长此以往，乔安娜的心情变差，有时甚至会感到抑郁。她总是感到焦虑，一想到见人，焦虑感就尤其严重。她在工作中的信心也日趋下降。她以前乐于接受困难复杂的任务，现在开始为之却步。老板原本视她为公司的明日之星，现在对她的看法也在变差。

萨塞克斯公爵哈里王子也有跟乔安娜类似的问题。《野兽日报》（*Daily Beast*）报道了对哈里王子的电视采访。他在采访中表示，在母亲戴安娜逝世后，和一大群人待在一间屋子里时他就会开始出现严重的惊恐发作。他会满身大汗，心“砰砰砰砰”地跳得很厉害，就像一台洗衣机一样。他产生了逃之夭夭的冲动，却无处可逃，只好极力掩饰自己的反应。[①]

演员休·格兰特（Hugh Grant）也有类似的经历。他接受《娱乐周刊》（*Entertainment Weekly*）采访时表示，他也会感到焦虑。他谈到自己一度息影了几年的经历，说自己会莫名其妙地惊恐发作。导演一喊“开始”，他就会陷入到整个人僵住了的“死机”状态，经常会忘记台词。[②]

格兰特在拍摄现场卡壳，说明了焦虑的一个基本特征：焦虑会妨碍你去做新的事。恐惧意味着你感觉到威胁，而当你感觉到不安全时，只能选择战斗或逃跑。如果你不知道自己为什么感到焦虑，又或者面对的是内在威胁，就没有什么可战斗的。于是，逃跑就成为唯一的选择，你只能从安全、熟悉的事物中寻求庇护。这或许是格兰特息影多年的原因之一。

哈里王子碍于身份和处境，想跑也跑不了。他是王子，是英国王室家族成员，王储需要参加公务活动；同时，他也是军人，即使恐慌发作，呼吸困难，还是强迫自己履行职责。

乔安娜有更多选择。即使她感到焦虑，心情低落，为此痛苦不堪，但还是能够完成部分工作。她可以避免会面，朋友也不会强迫她参加社交聚会。她可以遵从焦虑行为的逻辑，躲避外界，少做点事。

这三个人都有一个共同点，那就是想要遁世离群，少做点事，躲避外界。这种行为与信心的效果是背道而驰的。信心会促使你勇往直前，大胆

---

① 赛克斯T.. 哈里王子谈惊恐发作：“我们都有点心理问题”. 野兽日报，2017年6月21日. [获取和访问路径：https://www.thedailybeast.com/prince-harry-on-panic-attacks-were-all-mental] 引用日期：2020年11月5日.

② 维科尔默森S.. 休·格兰特：《跑调天后》主演谈演戏时的惊恐发作. 娱乐周刊，2016年8月11日. [获取和访问路径：https://ew.com/article/2016/08/11/hugh-grant-panic-attacks-acting] 引用日期：2020年11月5日.

地去做不熟悉的事情。

面对不确定的未来，信心会设想出成功的结果，所以能让我们的心情变好，平复焦虑。焦虑和抑郁则恰恰相反，面对未来，会设想出负面的结果，让我们丧失信心。从这个双向关系，我们可以看到信心在心智中运作的第四种方式：让我们做事和采取行动。

编剧马歇尔·布瑞克曼（Marshall Brickman）转述了伍迪·艾伦（Woody Allen）的一句话，能够很好地反映出这个事实："我明白了一个道理。正如伍迪所说：生命中百分之八十的成功，来自你愿意'现身'。有时候，在家躺平会比较简单。我两件事都做过。"[①]

伍迪·艾伦说得很对。只要你愿意"现身"，就是采取行动、向前推进的表现。如此反复，产生的结果会让你心情变好，信心增强。

像乔安娜这样的人焦虑感很强，通常在生活中也比较少做事。[②]由于他们采取的行动比较少，也就没有多少机会去迎难而上，克服挑战，让自己心情变好，减少焦虑，增强信心。他们取得成功的机会也就比较渺茫，例如，难以遇上心灵契合的恋人，或者找到更令人兴奋的新工作。

信心会驱使我们采取行动，因此对生活的方方面面都会产生深远的影响。行动未必能带来想要的结果，但也没关系。只要持之以恒，光是多尝试一下不同的做法，通常就能够带来丰厚的回报。

心理学家主要有两种方法治疗乔安娜的恐惧症，两者之间息息相关。第一种是帮助她确定一下，究竟与人会面这件事会让她产生哪些想法和恐惧，帮助她逐渐改变思维模式。第二种是慢慢地让她采取实际行动，去做

---

① 布劳迪S.. 他是伍迪 · 艾伦不沉默的合作伙伴. 纽约时报，1977年8月21日.

② 爱尔兰M. E.，赫普勒J.，李H.，阿尔瓦拉辛D.. 19个国家受访者的神经质和对行动的态度. 人格杂志（*Journal of Personality*），2015，83（3）：243－50.

自己一直以来逃避的事情，让她体验到掌控感，而这是增强信心的关键一步。

乔安娜很幸运，找到了一位优秀的临床心理学家，接受了这种认知行为治疗，她的职业生涯回归正轨，前途一片大好。哈里王子和休·格兰特更难像乔安娜那样不做事，也都重新投身各自的事业。学会自信和学会减少焦虑通常是一脉相承的。

我们所有人都有过逃避的冲动，都有过逃避当下的想法。要勇往直前，去做自己明明想逃避的事情，信心是关键的元素；而当你去做了自己不想做的事，就会产生掌控感，最主要的好处是可以建立自我信念。研究人员发现，在治疗乔安娜这样的恐惧症时，决定你能否克服恐惧的，是你究竟是否有信心去做害怕的那件事。[①]这个道理也适用于我们生活场景的大多数。自信的人会选择具有挑战性、有助于自我完善的目标[②]，因此，最终在情绪上会更有韧性。[③]

在本章中，我们探讨了信心背后复杂的心理“发条”，以及在生活的方方面面，信心能怎样帮助我们取得成功。不过，这个世界上有增强信心的法宝，自然也有打击信心的陷阱，这些陷阱会引诱我们走向失败。

---

① 班杜拉A.，里斯L.，亚当斯N. E.. 对行动的微观分析以及感知自我效能水平差异引起的恐惧. 人格与社会心理学杂志，1982，43（1）：5 - 21.

② 齐默尔曼B. J.，班杜拉A.，马丁内斯-庞斯M.. 学业成就的自我动机：自我效能信念和设定个人目标所扮演的角色. 美国教育研究杂志（*American Educational Research Journal*），1992，29（3）：663 - 76.

③ 米廖尼M.，亚历山德里G.，艾森伯格N.，卡斯泰拉尼V.，祖菲亚诺A.，韦基奥内M.，等. 情绪自我效能信念和自我韧性的长远互惠关系. 人格杂志，2015，83（5）：552 - 63.

How Confidence Declines

Chapter 3

第三章

信心为何会减弱

你注意到自己（或伴侣/父母）的记忆力每况愈下。医生叫你完成一个小测试，测量你的专注力、思维和记忆力。如果你在英国，她用的或许是《安登布鲁克认知评估量表》(*Addenbrooke's Cognitive Examination*)。这个筛查测试是我在剑桥大学（University of Cambridge）的前同事设计的，包括多项任务，例如：回忆几个词语；用100连续减7；画1个钟面，并把数字标在正确的位置上，然后把指针画在某个时间。在其他地区，医生会使用类似的测试。

当你完成测试，医生把分数汇总，得出一个总分（满分100分）。低于82分的患者到专门医院诊所接受全面评估，会有84%的概率确诊痴呆症。

埃克塞特大学（University of Exeter）的研究人员想知道，要是对测试的说明不一样，会不会对测试得分产生影响。[①]研究人员把65岁左右的志愿者随机分配为四组，然后让这四组人参加剑桥大学的测试。研究人员告诉其中一半人说，研究对象是40岁至70岁的人群，他们在参与者里面年纪较大；又告诉同为60多岁的另一半人说，研究对象是60岁至90岁

① 哈斯拉姆C.，莫顿T. A.，哈斯拉姆S. A.，瓦尔内西L.，格雷厄姆R.，加马津L..“上了年纪，脑子不灵”：年龄相关的自我分类和缺失预期导致痴呆症评估采用的临床测试得分下降. 心理学与衰老(*Psychology and Aging*)，2012，27(3)：778－84.

的人群，他们在参与者里面年纪较轻。接下来，研究人员把“感觉年纪较大”和“感觉年纪较轻”的两组参与者再对半划分，分别去看关于老年人大脑的两篇不同的杂志文章。一半人看到的文章说，变老会引起与记忆力和健忘相关的具体问题，老年人需要使用提醒工具和笔记本。另一半人看到的文章说，变老会导致所有心理能力的认知减退，包括专注力、决策、计划和问题解决。

概括一下，第一组人相信自己在参与者里面年纪较轻，变老会影响记忆力，但可以借助工具来弥补。第二组人也相信自己年纪较轻，但变老会导致心理能力全面减退。第三组人相信自己年纪较大，变老会引起记忆力问题，但只要借助提醒工具，是可以应付的。第四组人也相信自己年纪较大，而变老会导致认知功能全面减退。值得重申的是，这四组人的年龄是一样的。唯一的区别是他们感觉自己年纪较大还是年纪较轻，看了有关心理能力减退的哪篇文章。

68人被分为四组，就像去看医生检查记忆力一样，做了剑桥大学的测试。然后，研究人员给这个筛查测试打分。这群60多岁的人士表面上身体健康，你可能会预计到，只有少数人的得分会低于82分（筛查痴呆症的分界值）。但有一组例外。那些明明身体健康，却感觉自己年纪较大，并且看了变老会导致认知功能全面减退的文章的人，情况截然不同。在这组人中，得分低于82分的占了70%以上。在实际生活中，这个得分水平的人会因为疑似患上痴呆症，需要转介到医院的记忆力诊所。

这四组人完全是随机分配的。实际上，他们患上痴呆症的实际风险不会有什么差别。唯一的区别在于他们以为自己年纪较大还是年纪较轻，以及对认知老化有何认识。

在电影、故事和歌曲的渲染之下，“老”这个字有许多负面含义。例如，60年代的“谁人”乐队（The Who）有一句很有名的歌词，说希望在变老之前死去。别人跟你说你老了，这不是一个中性的描述，这会造成心理负担，在很大程度上对你的潜意识起作用，让你忧心忡忡，产生负面联想，不看好自己的身体和心理能力。如果你相信变老不仅会让你有点健忘，还会导致认知功能全面减退，更是受到了双重打击。

我们在上文中说过，信心是相信你自己可以做到某件事。由于信心会以多种方式作用于心智，这会成为一种自证预言。“老”这种措辞会给你造成心理负担，暗中破坏你对自己能够做到什么事的信念，从而有损你的信心。听到这种描述，老年人对自己的脑力表现失去信心，测试分数随之下降。

还有许多其他方面会带来负担。种族、性别、宗教、社会阶层和种姓制度都可能会损害一个人的表现。存有偏见的文化给人贴上种种标签，也就是“刻板印象”。这不仅体现在旁人的偏见，还深入到被贴上标签的人的大脑之中，让人失去信心，做出符合这种刻板印象的行为。例如，比起其他族群，美国黑人学生在心理功能标准化测试［例如学术能力倾向测验（SAT）或美国研究生入学考试（GRE）］中的表现往往较差。

1995年，克劳德·斯蒂尔（Claude Steele）在斯坦福大学（Stanford University）做了一项著名的研究，主要从GRE考试中选择最难的33道题目，给美国黑人学生做口头测试。研究人员把参与者随机分配为两组，对研究有两个说法。他们对一组学生说，研究主题是“在需要用到阅读和口头推理能力的问题上，与表现相关的各项个人因素”。测试结束后，研究人员告诉学生，会就其优势和劣势提供反馈。他们对另一组学生说，研究主题是“解决口头问题相关的心理因素”，并承诺会提供反馈，让他们了解日后可能遇到哪些类型的问题。

当研究人员对美国黑人学生说，考试考查的是他们的智力时，他们在33道题中答对了大约8道。相比之下，白人学生答对了大约12道。许多评论员认为，这种发现可以证明不同种族在智力上存在内在（或许是基因上的）差异。但这种看法是不正确的。

从另一组美国黑人学生的表现中，可以看到这一点。研究人员告诉第二组学生说，研究的目的是考查人们是怎样解决问题的。他们答对了12道，跟白人学生是一样的。光是觉得考试考查的是自己的智商，就让第一组学生的脑力表现下降了三分之一。这是额外的心理负担，让他们失去信心，产生自我怀疑并充满焦虑，导致表现欠佳。[①]结果是强化了刻板印象。

这些发现也适用于性别。人们普遍认为，女性在视觉空间任务中表现较差。一个常见的测试方式是观察两幅不同方位的抽象形状3D图。你需要在心里把其中一幅图在空中旋转，直到与第二幅图方位相同为止。然后，你需要决定两个形状的结构是否相同。

是的，平均而言，女性在这项测试中的表现不如男性。可是，如果女性参与者事先看一篇文章说，女性在这类测试中表现优于男性（这样的刺激称为“启动”），在这个所谓存在性别差异的任务中，表现就会与男性相当。[②]

新罕布什尔州达特茅斯学院（Dartmouth College）的研究人员利用脑成像，了解到这些刻板印象会令大脑功能发生什么变化。[③]女性参与者

① 斯蒂尔C. M.，阿伦森J.. 刻板印象威胁和美国黑人的智力测试表现. 人格与社会心理学杂志，1995，69（5）：797－811.

② 莫埃A.. 男性总是比女性更擅长心理旋转吗？探索一个性别信念解释. 学习与个体差异，2009，19（1）：21－7.

③ 弗拉加M.，黑尔特M.，雅各布斯E.，沙利文K.. 刻板印象引发女性心理旋转表现转变的神经基础. 社会认知与情感神经科学（*Social Cognitive and Affective Neuroscience*），2007，2（1）：12－9.

要是相信女性在这项心理旋转任务中表现欠佳，大脑加工情绪的部位活动就会增多，干扰了清晰思考的过程。女性参与者要是相信平均而言女性在这项心理旋转任务中表现优于男性，她们负责视觉空间的脑区就会更加活跃，免受刻板印象阻碍，表现与男性不相上下。

除了年龄、种族和性别之外，还有其他刻板印象会影响到一个人的成败。大多数人身上都有别人贴的标签，我们也会内化这些标签。有时候，这些标签是积极的，例如长得好看。[①]个子高的人也往往信心更强，因此更容易取得成功。[②]

信心是自证预言

想一下，你现在要做一件让自己感到紧张的事。例如，你想向老板申请停薪留职6个月，出去旅行。请设想这个情景，努力捕捉自己的想法：你会怎样去解释或恳求，提议你原本负责的工作可以怎样完成，对未来许下承诺。想象老板露出惊讶的表情，皱起眉头，接下来或许点头同意，还是摇头拒绝？你会想象自己可能怎么说、怎么做。你感觉到面红耳赤，哎呀，你练习了好久的开场白，原本想要打动对方，竟然说得结结巴巴。

你要是信心低落，或许还没有开始就已经灰心丧气。反之，高涨的信心可以像秋风吹落叶一样，把失败的想法统统吹走。对自己要说些什么话、怎样去说的怀疑，如同干枯的落叶，离你远去。老板露出失望和反对表情的意象一去不回。只余下你的心智之眼所见，你对一连串行动的彩排，最终得出一个结果。这就是信心在发挥作用。你对一项活动进行心理

---

① 马尔福德M.，奥尔贝尔J.，沙托C.，斯托卡德J.. 外表吸引力、机会和成功的日常交流. 美国社会学期刊（*American Journal of Sociology*），1998，103（6）：1565－92.

② 贾奇T. A.，凯布尔D. M.. 身高对职场成功和收入的影响：对理论模型的初步测试. 应用心理学杂志（*Journal of Applied Psychology*），2004，89（3）：428－41.

预演，大脑会演练将要执行的具体步骤，只差最后没有活动肌肉或嘴唇。

你好像正在做这件事或说出这番话似的，在大脑中忠实地模拟其余一切。想象是信心的首席运营官，就是这样运作的。想象会打开任务相关行动的所有神经回路，只差最后一项：输出。

换言之，没有杂乱的想法和行动来干扰你的心智，磕磕巴巴、老板皱眉、面红耳赤，都统统不存在。心智启动，做好预演，就像舞台拉开帷幕，台上成熟的演员已经做好准备。当然，心智清明了，你就更有机会用恰如其分的口吻，向老板提出请求，打动对方。你脸上充满朝气和自信，让老板确信他/她不能失去你。由于你满怀自信，期待取得成功，大脑处于寻求奖励（而非预期受到惩罚）的模式。

2019年，昆士兰大学（University of Queensland）研究了人们在知觉任务中加工信息的表现。每位参与者一开始都拿到7.50美元，目标是达到特定的速度和准确度。有些时候，他们达到目标可以获得2.50美元的奖励；还有些时候，他们达不到目标会受到“罚款”2.50美元的惩罚。在成功会获得奖励的情形期间，参与者的反应速度更快、回答更准确；而在失败会受到惩罚的情形期间，参与者表现较差。[①]信心可以打开预期奖励的大脑回路，改善信息加工。例如，有了信心，你就更能察言观色，有效地对老板做出回应。

正如昆士兰大学的研究显示，信心低迷会令人倾向于预期惩罚，产生相反的效应。你信心低迷，信息加工速度就会变慢，心思涣散，不能专注于主要目标。你跟老板谈话时，可能低声嘟囔，磕磕巴巴，尴尬地避开视线。

---

① 巴拉德T.，休厄尔D. K.，科斯格罗夫D.，尼尔A.. 奖励和惩罚之下的信息加工. 心理科学，2019，30（5）：757－64.

没有了信心，相互冲突的行动就会同时争夺大脑的注意力，让大脑感到困惑。也难怪你或许压根没走到老板办公室门口，又或者到了门口又转身溜走了。即使鼓起勇气进去了，你也会耸肩驼背，表情紧绷，说话断断续续。毕竟，你大脑中充斥着相互矛盾的信息和程序，又怎么可能表现得好呢？信心就像优秀的交响乐团指挥，可以组织好不和谐的队员，演奏出美妙的乐章。我们在下文中会看到，自我信念是会传染的，当你充满信心地说出一番话，对方点头同意的可能性会大大增加。

信心是推销员

听到推销员的说辞，大多数人自然会怀有戒心。那么，如果信心在一定程度上是推销员（我们在下文中会看到，就是的），对于它所说的话，我们是否也必须在一定程度上怀有警惕呢？

想象一下这个情境。我刚坐了飞越大西洋的长途航班到达美国，下了飞机，呼吸着潮湿的空气，迎着落日眨了眨眼。时差让我疲惫不堪。我拖着身体，走到机场外面的大道上，许多礼宾车、出租车和机场大巴映入眼帘，令人眼花缭乱。一辆黄色的机场大巴停下，乘客鱼贯而下，卸下行李。我转身问身边的女人。

“这辆机场大巴是去租车点的吗？”我问她。

她皱起眉头，回答道：“我想是吧……”

我犹豫了一会儿，车门砰地关上了，大巴呼啸而去。

另一辆机场大巴（这次是蓝色的）停了下来，另一批乘客下车。我转身问右边的男人。

“这辆机场大巴是去租车点的吗？”我问道。

他肯定地点头，“是的，这辆就是。”

我感激地跟着他上车，车开走了。夜幕降临。我在昏暗的天色中下车，来到了最远处的长期停车场。足足一小时后，我才回到机场航站楼，上了——是的——前往租车点的黄色机场大巴。

我是先问那个女人的，为什么没有听她的话呢？因为她的语气不自信。而那个男人表现得很肯定。结果，车把我丢在了机场最外围的地方。

帕德里哥·哈灵顿的球童罗楠·弗拉德告诉哈灵顿，他可以打出最好的低飞球和推球，拿下冠军。球童说的并不是真心话，可是这并不重要。只要弗拉德表现出对他充满信心，哈灵顿就能够让杂乱的大脑网络恢复秩序，全神贯注地打出拿手的球。

这个世界纷繁复杂，瞬息万变。为避免应接不暇，我们的心智发展出一些心理捷径，也称为“启发法”。有了这些经验法则，我们就免得在每个情境下绞尽脑汁地思考，尤其是在充满压力或疲惫不堪、又需要做出决定的时候。其中一个心理捷径称为“信心启发式”。我就是依赖这个心理捷径，才上错了机场大巴。当时，我在一瞬间做了直觉判断，以为既然那个男人这么有信心，按道理应该很了解情况。而那个女人的回答不太确定，所以我没听她的话。

这一次，我判断错了。不过，一般来说，我们在不同的信息来源之间做选择时，运用“信心启发式”是有一定道理的。世人常常运用“信心=知识”的启发式，因此，听起来满怀信心的人通常更有说服力。换言之，信心能够增强你的影响力，让你懂得“推销”自己。[①]

具有说服力的人能赢得社会声望，从而更加自信。“信心启发式”可能出错，可那又如何？生活纷繁杂乱，即使错误的建议招致失败的后果，

① 普尔福德B. D.，科尔曼A. M.，布瓦班加E. K.，克罗科E. M.. 知识的说服力：测试信心启发式. 实验心理学杂志：总论，2018，147（10）：1431－44.

通常也不能及时发现并纠正。只要一个人能够自信地表达自己的观点，就会更有说服力，更有影响力，更能够达到自己的目的。因此，当这样的人出错，成百、成千乃至千百万人就需要承担后果。

对自己想法的信心

英国在欧盟的去留是一个复杂的问题，而2016年的英国“脱欧”公投要求全体公民投票作出二选一的决定。发起“脱欧”公投的，是时任保守党领袖、英国首相戴维·卡梅伦（David Cameron）。许多人批评说，这个问题此前几乎完全是保守党的内部议题，而卡梅伦把问题抛给了公众，造成英国社会分裂，危害甚大。

许多调查显示，在绝大多数民众心目中，英国的欧盟成员身份并不是极优先的事务。但后来，由于公投运动造成充满怨愤的政治动荡，英国“脱欧”迅速成为了备受瞩目的政治议题。

卡梅伦的回忆录在2019年出版。当时，继任者之一的鲍里斯·约翰逊（Boris Johnson）对他发起了猛烈的抨击。但卡梅伦表示并不后悔发起公投。他坚称，公投是“有必要”的、“不可避免”的。他为公投在英国造成的动荡感到懊悔，但坚持说，自己必须做出这个决定。①

我有同事曾经在英国政府担任部长级顾问。我跟他说起我对卡梅伦的立场感到奇怪。他的回答先是让我吃了一惊，然后引起了我的深思。他说道：“啊，是的。如果你不是对自己的决定非常肯定，是不能在政坛那个位置上做事的，你根本到不了那个位置。不然，左右为难的压力会让你筋疲力尽。”

---

① 戴维斯C.. 戴维 · 卡梅伦回忆录给我们的五大启示. 卫报，2019年9月15日.

我由此想起，我多年前跟戴维·卡梅伦的前任托尼·布莱尔（Tony Blair）的高级顾问聊过。他赞扬前任首相在国内外取得的许多成就。但有那么一会儿，他放下了戒心，近乎自言自语地嘟囔道：“让我担心的是，他总是那么肯定。”多年后，我跟同事聊起戴维·卡梅伦，才意识到这两位政治家的肯定是信心的表现。偶然间，我发现了“对自己想法的信心”这个概念。

你觉得自己是内向型还是外向型的人？现在再问一下自己：你对自己的这个看法有多么确信？怀揣这个问题，请考虑一下自己的思维方式，评估一下你对自己的想法是否有信心。你有多大的信心能够回去上大学，学习新的职业技能或从事新的行当？你对自己想要学习的东西有多么确定？如果你对自己的选择没有信心，大概就不会付诸行动。马德里大学（University of Madrid）的研究人员在2010 年发现，当一个人对自己的想法有信心，该人采取具体行动的可能性就会大大增加。[①]英国有一半民众但愿戴维·卡梅伦对发起公投这个想法的信心没有那么充足。

我的曾祖父詹姆斯·罗伯逊（James Robertson）是磨坊主，住在苏格兰西海岸外的比特岛（Bute）上。他的水磨坊由格林南小溪（Greenan Burn）驱动，溪水恬静宜人。但这个磨坊并不是什么摇钱树，收入微薄，他还得做木匠和殡仪员帮补生计。然后有一天，岛上最大的磨坊出租。这个大磨坊位于附近的罗斯西镇（Rothesay）中央，产出更高，收入也多得多。我的曾祖父是公认的理想接手人选。

要租下大磨坊，必须在某个星期五下午5点之前，到业主比特勋爵（时

---

① 布里尼奥尔P.，德马尔雷K. G.，佩蒂R. E.. 信心（和怀疑）影响自我的过程 // 阿金R.，奥利森K.，卡罗尔P.（编辑）. 自我不确定感手册（*Handbook of the Uncertain Self*）. 纽约：心理学出版社，2010：13 - 35.

至今日，这个岛仍然保留了封建制）的房地产办公室投标。整整一周，詹姆斯·罗伯逊踌躇再三，反复思量要不要冒这个险。星期五到了，他宛如热锅上的蚂蚁，在格林南磨坊里来回踱步。上一刻，他决定了要租下这个大磨坊；下一刻，他又犹豫了，一心想着想象的弊端——其实也没多少。他摇摆不定，用苏格兰的说法，他拿不定主意。星期五下午4点，他决定走3英里的路到镇上，租下罗斯西磨坊。他赶到时，办公室都快要关门了。

“我要了。”他告诉比特勋爵的代理。

“太晚啦，詹姆斯。”代理回答说，“已经有人租了。我们还以为你打消念头了。”

于是，我们家多了一则轶事，说的是拖延症的诅咒。

要是你拿不准自己的心思，通俗地说，你对自己的想法没有信心，就产生了拖延症。要对自己能做到什么抱有信心，你必须对行动背后的想法抱有信心。果断的人在决定怎样做时，不会出现明显的拖延症。他们或许还是会在心里来回琢磨，才迈出那果断的一步。但重点是，那一步确实迈出去了。有些不果断的人（像我曾祖父那样）会左思右想，反复思量各种选择，却迟迟迈不出最后一步。于是，最好的结果是行动延迟了，而最坏的结果是不作为导致行动搁置。顾名思义，患上拖延症的人往往不去完成一件事，所以，成功实现目标的经验会少得多。

信心的姐妹是行动。当我们缺乏信心，进而不作为时，就难免会失败。我们是通过身体采取行动的。那么，信心和缺乏信心会对身体产生什么影响呢？

有信心的身体

有一天，附近的健身房寄来一封信，免费赠送健身体验和体能测试。

我知道自己中年发福已经有一阵子了，于是欣然前往。一位年轻女士介绍说，她会带我去试用各种健身器材，为每种器材设定合适的训练标准，以此制订循环训练计划。

首先，她把我带到一台跑步机前，让我站上去，然后设定步行速度，启动器材。

“这个速度感觉怎么样？”她问道。

“还挺慢的。”我平静地回答。

她调快了速度。“现在呢？”

“挺轻松。”

她再调快了速度。“现在怎么样？”

我的额头渗出了汗珠。“还能再快一点。”

她把速度调高了最后一档。“刚开始锻炼，到这个速度就可以了。”她说道。

我耸耸肩，想要表达出自己还有余力，可惜没能充分展示。

然后，她让我坐在一台举重机上。我要从架子上取下杠铃，并把杠铃举起来。她选择了一个重量级别。

“试一下，看感觉如何。”

我猛地一下取下杠铃，杠铃片发出短促的碰撞声，好像到了极限。

“基本上没啥感觉。”我低声吼道。

她逐个给我加杠铃片。我偷偷瞥了一眼她的脸。她露出了不可名状的表情，于是我选择相信，她看到一个老男人身体还像20多岁的小伙子一样健壮，不禁暗暗欣赏。我们逐一试用器材，配合我强大的身体能力，把杠铃片、速度和阻力调整到惊人的水平。完成之后，她写下循环训练计划，供我日后上健身房参照。我想要大摇大摆地走出去，可是小腿肚肌肉拉伤了，离场姿势大打折扣。

下个星期，我又去了健身房。我从文件夹里抽出循环训练计划，走到第一台举重器材前，按照训练计划调好重量。在健身体验期间，我可是觉得这个重量相当保守，勉强才同意的呢。我用力要从架子上取下杠铃，可是杠铃卡住了，一动不动。

套路啊套路，我想，办了卡交了钱，才发现器材是坏的。我检查了一下，看起来没什么问题，于是我做好准备，又要从架子上取下杠铃。我憋着一股劲，感觉到太阳穴青筋凸起，喉咙发出呻吟。可杠铃还是一动不动。我卸下了5公斤杠铃片。没有用。我卸下了10公斤杠铃片，还是纹丝不动。最后，我足足卸下了30公斤杠铃片，负荷大大减轻，才成功举起了杠铃。

接下来，我来到跑步机前，惦记着一会儿要向经理投诉器材的状况。我把跑步机的速度设为跟教练说好的水平。一站上去，跑步机就把我甩了出去。我整个人往后飞到杠铃下，仰面瘫在地上。等我回过神来，看见当初帮我制订循环训练计划的年轻女人。她低头看着我。

“你还好吗？”

“还好。”我回答道。对于一个还躺在地上的人来说，回答得太快了一点。

“我当初就说嘛，速度太快了。”她说道，“可是你坚持说可以。”

我把身子慢慢地撑起来。

“杠铃片……”

“我就知道，杠铃片也太重了。”她微笑着说，笑得有点开心，照我说，也不太专业。

我灰溜溜地走了，为自己打了水漂的钱哀悼。那张会员卡再也没用过。

第一次上健身房，在那位年轻女教练面前，我身上充满了神奇的力量。我一个人的时候举不起的杠铃，在她面前就能举起来。我们从中可以对信心产生什么认识吗？

有一本畅销书声称，美国海军海豹突击队有一个40%法则。这个法则称，在体力消耗活动中，当你觉得自己已经不行了，你才用到自己能力的40%。[①]这个说法是杜撰的。我问过海豹突击队几位资深中校，他们都说没这样教过。但有大量科学证据显示，我们的信心提升了，也就能增强体力和耐力。[②]

2007年，埃默里大学（Emory University）的研究人员做了一项研究，令学生对自己体力的信心增强或减弱，并研究相关影响。他们用握力计来测量参与者的体力。这是一个金属杠杆，握紧之后，会感觉到弹簧的阻力。握紧时间越长，手会越来越累，越来越酸痛，难度加大。[③]研究人员会随机告诉一些学生说，他们在参与者之中体力较强，又告诉其他学生说，他们在参与者之中体力较弱，以此操纵他们的信心。事实上，两组人的体力是不相上下的。

研究得出了惊人的结果。比起信心较弱的一组人，信心较强的一组人握住握力计的时间长了30%，手痛和不适也比较少。

法国格勒诺布尔的研究人员使用同一个方法，测量52岁至91岁的人

① 茨勒J.. 与海豹突击队队员一起生活：与地球上最牛的硬汉一起训练31天（*Living With a SEAL: 31 Days Training with the Toughest Man on the Planet*）. 伦敦：阿歇特出版社，2015.

② 哈尔珀L. R.，温哥华J. B.. 自我效能对体力任务耐力的影响：含糊的表现反馈起到抑制作用. 运动与锻炼心理学（*Psychology of Sport and Exercise*），2016，22：170 - 7.

③ 哈钦森J. C.，舍曼T.，马丁诺维奇N.，特南鲍姆G.. 被操纵自我效能对感知和持续努力的影响. 应用运动心理学杂志（*Journal of Applied Sport Psychology*），2008，20（4）：457 - 72.

群。[①]但在测量之前，研究人员会询问每位参与者，他们感觉自己有多大。许多人感觉自己比实际年龄小一点，这群法国男女也不例外。平均而言，他们感觉自己比实际年龄小8%。60岁的人平均感觉自己才56岁，90岁的人感觉自己才83岁。

接下来，所有参与者都做了握力测试。这个测试是衡量老年人整体活力水平的有效指标。在第一次测试中，平均握力约为25.5公斤。接下来，研究人员对其中一半人说谎，告诉他们说，他们第一次握力测试的结果优于80%的同龄人。研究人员并没有对第二组人说些什么。两组人继续做第二次握力测试。

一无所知的第二组人做第二次握力测试，手已经累了，结果比第一次少了1公斤。可是第一组人呢？他们的握力比第一次多了1公斤。他们得到了虚假反馈，信心增强了，所以感觉自己身强力壮。惊人的是，这种反馈也让他们感觉更年轻了。“信心组”一位60岁人士现在感觉自己才53岁，一位90岁人士现在感觉自己才80岁。没有得到反馈的那一组人，感觉自己的年龄没有变化。

虽然40%法则并没有得到科学验证，但我们的期望确实可以对体力产生影响。当你相信自己比80%的同龄人更强，信心就会提升，体力也会增强。我第一次上健身房时，或许是自以为年轻，或许是希望博得年轻教练的赞赏，体力暂时增强了，就是这个道理。

信心也会增强身体耐力。要测试耐力，有一个非常煎熬的方法，那就是一直骑健身自行车，直到骑不动为止。在一项研究中，年轻健壮的男

---

① 斯蒂芬Y.，恰拉巴耶夫A.，科特-格林D.，亚科内利A.. 感觉更年轻，变得更强壮：对老年人主观年龄和身体机能的实验研究. 老年病学期刊B系列（*Journals of Gerontology: Series B*），2013，68（1）：1-7.

女平均骑了10分钟，就坚持不了了。然后，研究人员把一半人带到一边，教他们怎样给自己言语鼓劲，增强信心。例如，他们学会对自己说“表现不错”“感觉很好”或者“坚持下去”。几天后，他们再参加耐力测试，研究人员要求他们对自己说这些话。

与“只要说出有信心的话”对帕德里哥·哈灵顿奏效了一样，光靠重复这些有信心的话，跟自己说话的小组就把耐力提升了18%，从大约10.5分钟提升到13分钟。比起另一组（耐力时间完全没有发生变化），他们在骑车过程中也没有那么多的肌肉拉伤。[①]我们在运动过程中，往往会由于疼痛不适而经历“撞墙期”，觉得无法继续运动了。但信心可以改变我们身体内和大脑中的这些内在感觉。

威斯康星大学（University of Wisconsin）做了一项研究，研究人员让志愿者躺在功能性磁共振成像（fMRI）大脑扫描仪上，给他们的前臂施加会令人疼痛但不会造成伤害的热力。在一半的时间里，研究人员会给他们一个手柄，告诉他们说，要是痛得受不了了，就停下来。在剩下的时间里，研究人员会把手柄拆走，也就无法止住疼痛。只不过，手柄是没有用的，研究人员说谎了。手柄是假的，无论有没有手柄，志愿者都无法控制疼痛会持续多长时间。

志愿者的手臂感觉热辣疼痛，这种感觉会引起某个模式的大脑活动。疼痛研究人员对此已经非常熟悉。疼痛主要会引起三个主要脑区的反应：前扣带回皮层、脑岛和次级躯体感觉皮层。但这项研究有一个神奇的发现。虽然研究人员在同样的人、同样的手臂上施加了同样的热力，但只要

---

① 布兰奇菲尔德A. W.，哈迪J.，德·莫雷H. M.，斯塔亚诺W.，马尔科拉S. M.. 说服自己不累：自我对话对耐力表现的影响. 运动与锻炼中的医学与科学（*Medicine & Science in Sports & Exercise*），2014，46（5）：998 - 1007.

志愿者握住假的手柄，有了信心，就能抑制这三个脑区内的疼痛反应。虽然客观的疼痛刺激是一样的，但只要志愿者相信他们可以控制，就足以减轻疼痛。①

掌控感也可以对慢性疼痛产生影响。疼痛的人越是感觉无助，就越是怕痛，失能和沮丧的程度也会越高。②如果你觉得无法控制自己的疼痛，就会令疼痛加剧（按照对大脑的客观测量）。没有什么比恐惧更能侵蚀你的信心的了。怕痛会令你更加焦虑，侵蚀你的掌控感，令疼痛变本加厉。当你的信心严重流失，不再相信自己能够控制，就会感到无助。反之，只要你感觉有信心，就能够从源头（大脑）减轻疼痛。

体育运动免不了疼痛不适。因此，难怪信心可以让你表现更好，也更有耐力。本来疼痛或许会让你放弃，而信心就是帮助你抵御疼痛的良药。

自信地变老

老年人（比如70多岁的人）走在街上，脚步轻快的人往往比走路慢吞吞的人看起来更年轻、更健康、更有活力。这种印象是有科学依据的。计算未来几年内死亡的概率，走得最慢的人的（尤其是男人）是走得最快的人的近两倍。③此外，一个人要是在两年时间里大幅度放慢步行速度，在未来几年内死亡的概率几乎会翻倍。④在这些研究中，我们很难分清楚

---

① 萨洛蒙斯T. V.，约翰斯通T.，巴科贾M. M.，戴维森R. J.. 感知可控制性对疼痛神经反应的调节. 神经科学杂志，2004，24（32）：7199 - 203.

② 萨姆韦尔H. J.，埃弗斯A. W.，克鲁B. J.，克莱马阿F. W.. 慢性疼痛患者的无助、对疼痛的恐惧以及被动应对疼痛扮演的角色. 临床疼痛学杂志（*Clinical Journal of Pain*），2006，22（3）：245 - 51.

③ 刘B.，胡X.，张Q.，范Y.，李J.，邹R.，等. 老年人的日常步速和全因死亡率：系统综述和元分析. 步态与体态（*Gait & Posture*），2016，44：172 - 7.

④ 怀特D. K.，奈欧格T.，内维特M. C.，珀洛坎C. E.，朱Y.，布德罗R. M.，等. 步速轨迹可预测功能良好老年人的死亡率：健康、老化和身体组成研究. 老年病学期刊A系列（*Journals of Gerontology: Series A*），2013，68（4）：456 - 64.

因果。一个人生病了，步行速度往往就会变慢；但除此之外，要是一个人丧失动力，遁世离群，也可能导致步行速度变慢，加大患病和死亡的风险。要解释这些发现，可以研究大量人群，在统计上控制各项变量（例如健康状况欠佳）。

都柏林圣三一大学（Trinity College Dublin）的研究人员就是这样做的。他们研究了4000多名老年人的步行速度，以及步行速度在未来两年内的变化。参与者的平均年龄是60岁出头。接下来，戴尔德丽·罗伯逊（Deirdre Robertson）和她的同事研究了他们在这两年之初对变老有多大的信心，发现不同的人有不同的态度。例如，有些人同意这样的陈述："随着年龄增长，我有很多办法可以保持独立。"而有些人同意这样的陈述："变老会对我的社交生活产生影响，这是我控制不了的。"

比起对变老最有信心的人，对变老最缺乏信心之人的步行速度会放慢13%。[①]步行速度可以用于预测未来的健康状况，而对于一个人对变老的信心与步行速度之间的关联，研究人员能够排除其他合理理由。

在同一群参与者中，研究人员发现了一个人对变老的信心和认知能力变化之间的类似关联。比起最有信心的人，最缺乏信心的人在未来两年内头脑敏锐度下降幅度要大得多。根据参与者自己报告的情况，最缺乏信心之人的日常记忆力也出现了比最有信心之人更为急剧的下降。[②]

你觉得自己的记忆力有多强是一种主观记忆力评估，痴呆症研究人员对这个话题深感兴趣。相信自己是很重要的。随着年龄增长，几乎每个人都会注意到自己的记忆力发生了变化，那些变化巨大的人可能是出现了痴

---

① 罗伯逊D. A.，萨瓦G. M.，金-卡利马尼斯B. L.，肯尼R. A.. 对老化的负面看法和步速放慢：自证预言. 公共科学图书馆：综合（*PLoS ONE*），2015，10（4）：e0123260.

② 罗伯逊D. A.，金-卡利马尼斯B. L.，肯尼R. A.. 对老化的负面看法可预测认知功能的纵向下降. 心理学与衰老，2016，31（1）：71－81.

呆症的早期症状。但研究人员对宾夕法尼亚州约2000名65岁以上的老年人做了长达5年的研究，发现信心与记忆力之间的关联十分耐人寻味。研究结果显示，主观记忆力发生变化在先，客观记忆力发生变化在后。①

信心可以扎根于你的大脑、身体，或许还能延年益寿。一项研究追踪了美国7万名护士，发现比起年轻时最不乐观的女性，年轻时最乐观的女性平均长寿15年。乐观和信心是近亲，却也不同。乐观更多关系到信心之桥的"会发生"桥跨，而不是"做得到"桥跨。乐观者会同意这样的陈述："在不确定的时候，我通常会期望得到最好的结果。""总的来说，我觉得遇到的好事会比坏事更多。"他们会不同意这样的陈述："如果有什么事情会出错，就会发生在我身上。""我很少指望自己遇到好事。"乐观者能活到85岁的概率远高于悲观者。②

信心如何奏效，缺乏信心又会如何

在过去很长一段时间里，科学家和哲学家都以为人类与其他物种的区别在于语言、使用工具、解决问题、同理心或团队协作的能力。但近几十年的研究发现，许多不同的动物都具备其中部分或全部能力，因此，这些方面已经算不上绝对的区别。

然而，人类有一项能力是其他物种都不具备的，能够在人类与其他物种之间划定绝对的分界线。那就是人可以想象出还不存在的事物，并在很长时间里朝着创造出这个还不存在的现实而努力。约翰·肯尼迪的登月竞

① 斯尼茨B. E.，斯莫尔B. J.，王T.，章C. C. H.，休斯T. F.，冈古里M.. 主观记忆力抱怨在客观认知变化之前还是之后发生？时间影响的五年人口研究. 国际神经心理学会杂志（*Journal of the International Neuropsychological Society*），2015，21（9）：732－42.

② 李L. O.，詹姆斯P.，泽冯E. S.，金E. S.，特鲁德尔－菲茨杰拉德C.，斯皮罗A.，等. 乐观与男性和女性两个流行病群组异常长寿相关. 美国国家科学院院刊（*Proceedings of the National Academy of Sciences*），2019，116（37）：18357－62.

赛就是一个很好的例子。人类的每一项工程、艺术、科学或民间发明都需要依靠这项能力。

人能够想象出目前还不存在的东西，在心里创造出模型，设想出这个东西可能的模样。这种能力是其他动物所不具备的。人能够一步一步地创造出这个想象的未来，这也是人类独有的天赋。但要把这个模型转化为具体的现实，还需要一种重要的燃料，那就是信心。

我们已经探讨了信心在心智、大脑和身体中是如何运作的，缺乏信心又是怎么一回事。信心可以在想象与当前的现实世界之间搭建一座桥梁，方法多样。有的浮于表面（只要说出有信心的话），还有的层次更深（对自己想法的信心）。我说过，大多数人会戴着“玫瑰色”眼镜看待自己，这是信心令我们产生的妄想，可以起到重要作用。我们戴上“玫瑰色”眼镜，才能在早上起床，机会再渺茫也勇于尝试，创造新的可能。缺乏信心的悲观会让你承受两次痛苦：先是预计结果会很糟糕的痛苦，然后是经历糟糕结果的痛苦，所以会阻碍你取得成功。而信心的作用可谓恰恰相反。信心会给你带来两次奖励：第一次是预计会取得成功的时候，第二次是最终取得成功的时候。因此，信心是一个自证预言。

信心也能带来与药物治疗相仿的抗抑郁效果。信心会给我们注入活力，让我们采取行动，开拓之前没有的新机会。信心能帮助我们在心中预演想要的结果，这种心理模拟会增加这个结果实际发生的可能性。信心能让我们的身体更加强健，减轻我们付出努力的痛苦。或许最重要的是，信心让我们懂得“推销”自己，配合正确的价值观，就可以让人团结在一起，为这个世界做出重要的贡献。

但信心从何而来呢？

What Makes Us Confident?

Chapter 4

第四章

信心从何而来

第四章 | CHAPTER 4

2018年7月13日，伦敦西部夏季的傍晚，天色渐暗。两个男人筋疲力尽地拥抱在一起。他们刚打完网球史上耗时第二长的比赛。随着美国选手约翰·伊斯内尔（John Isner）最后一球出界，南非选手凯文·安德森（Kevin Anderson）获胜。整场比赛耗时6小时36分钟。安德森以26比24的比分拿下决胜盘，闯进温布尔登（Wimbledon）网球锦标赛决赛。

在艰难的决胜盘，伊斯内尔不知道的是，从统计学的角度来说，早在几小时以前的第一盘末，他的命运已成定局。安德森在第一盘抢七中，以8比6险胜。而昆士兰科技大学（Queensland University of Technology）研究发现，在第一盘险胜的球员赢下整场比赛的概率要高得多。[①]

“热手效应”是一个篮球术语，指的是如果一个球员能够投中一球，其他队员一般相信他“手感好”，下一次出手会更有可能命中，甚至连续命中。换言之，成功孕育成功。这在很久之前就被视为体育界的迷思。但现在有研究证实，真的有“手感好”这回事，不仅在篮球中，在其他体育

① 佩奇L.，科茨J.. 人类竞争中的胜利者和失败者效应：来自势均力敌的网球球员的证据. 进化与人类行为（*Evolution and Human Behavior*），2017，38（4）：530－5.

运动项目（例如网球）中也存在。[①]在网球中，如果第一盘咬得很紧，一方险胜，双方球员十有八九是势均力敌的。拿下第一盘比赛可以增强球员的信心，加大赢下整场比赛的概率，因此，是至关重要的。

乌普萨拉大学（Uppsala University）的研究人员在2015年发现，职业高尔夫球界也有非常类似的现象。在研究人员进行的实验中，在一场锦标赛赛程到一半的时候，会设置淘汰线，球技几乎相当的球员有的晋级，有的淘汰。比起以一线之差淘汰的球员，以一线之差晋级的球员在随后的锦标赛中表现大大提升。赛事奖金越丰厚，胜利者效应（“热手效应”）就越显著。[②]

这种现象不仅只存在于职业体育运动中。例如，一个孩子在10月1日满10岁，足球队入选规则规定，在划分年龄组的时候，以9月30日的岁数为准。那个孩子在入队后一天就会满11岁，在整个队中年龄最大，其他队员都是10岁的。这样的孩子日后更有可能入选国家队和职业足球队。由于他们的年龄较大，身体素质占优势，相较更小的队友他们会有更多成功的经验，容易得到发掘，会被视为“明日之星”。[③]在职业曲棍球界，也能看到类似的效应。[④]

我们假设信心不只是“热手效应”，不只是影响我们生活的“成功孕育成功，失败孕育失败”引擎。某些等级的汽油可以提升引擎性能。同

---

① 米勒J.，圣胡尔霍A.. 给热手谬误泼一盆冷水：热手效应值得相信的有力证据. 开放科学框架（*Open Science Framework*），2018年10月30日. [获取和访问路径：https://osf.io/pj79r/] 引用日期：2020年9月3日.

② 罗森奎斯特O.，斯坎斯O. N.. 信心提升表现？——职业高尔夫球锦标赛中的成功对未来表现的因果关系. 经济行为与组织杂志（*Journal of Economic Behavior & Organization*），2015，117：281－95.

③ 赫尔森W. F.，范 · 温克尔J.，威廉斯A. M.. 欧洲青年足球的相对年龄效应. 体育科学杂志，2005，23（6）：629－36.

④ 阿多纳V.，耶茨P. A.. 细看国家冰球联盟的相对年龄效应. 运动定量分析杂志（*Journal of Quantitative Analysis in Sports*），2010，6（4）：1－9.

理，如果成功就像燃料一样，可以为我们在生活中成就更多而助力，那么信心是否就像燃料添加剂一样，能让我们取得更好的表现呢？为了回答这个问题，我找到米兰大学（University of Milan）的经济学家安东尼奥·菲利平（Antonio Filippin）关于儿童会怎样评价自己的学业能力，以及这些自我评价会产生什么长期影响的研究。[①]

全世界的学校都会给学生打分，对其学业进展给出反馈。这些反馈会慢慢地在孩子脑中形成，让他们了解到自己的学业成绩与同班同学相比处于什么水平。在大多数学校系统中，这种反馈是温和而可以改变的，统计学家称之为"噪声"数据。因此，孩子在评估自己的能力时，有一定的调整空间，其自我评价未必完全符合老师桌上的分数。

虽然在心理上有一定的调整空间，但这位经济学家本以为，随着学校公布各项作业和考试成绩，日积月累，外部反馈会逐渐影响到孩子的自我评价，最终，孩子的观点会与学校考核的"真实"学业成绩趋于一致，但菲利平研究数据时惊讶地发现，实际上并不是这样的。

他发现，如果一个孩子在入学初期略微高估了自己的能力，换言之，对自己能力的信心比分数所对应的强一点点，那么，在接下来的学年和以后的生活中，会发生一连串令人惊叹的事件。更有信心的孩子（与其在课堂上的实际成绩相比，略微过度自信）接下来会做出某些选择。例如，她可能会选择更努力学习，申请难度更高的课程，这反过来又会增强她的"人力资本"（套用菲利平的经济学专业术语），包括学业成绩、知识和技能。

另一方面，孩子要是略微地低估了自己的能力，会产生相反的后果。他会偷懒，选择更轻松的课程，久而久之，学习会慢慢地跟不上更自信的

① 菲利平A.，帕卡涅拉M.. 家庭背景、自信和经济成果. 教育经济学评论（*Economics of Education Review*），2012，31（5）：824－34.

孩子。自我信念可以做乘法，随着时间的推移，加速提升你的表现。这就像单利和复利一样。复利可以助你一辈子财富加速增长；同理，信心就是超级添加剂，可以给你做累积乘法。

从菲利平的信心模型可见，比较两个“天赋”相同但信心水平不同的6岁孩子，会发现随着时间的推移，他们取得的成就会相差地越来越远。虽然最初的潜在能力相差无几，但几十年后，两人的差距可能是天壤之别。

菲利平想知道，既然这两个6岁孩子都有同样的能力，为什么信心会有差别呢？原来，社会阶层是最重要的因素。无论潜在能力如何，比起出身没有那么优越的孩子，出身家庭社会经济地位较高的孩子往往会对自己的能力更有信心。[①]

但我们在下文中会看到，信心并不是固定不变的。即使面临打击信心的外在因素（例如社会经济地位处于劣势），信心也可以后天习得。

这是人生一大“热手效应”，或许还是最大的一个。跟伊斯内尔与安德森的网球比赛不同，决定菲利平的“热手效应”的主要动力并非激素驱动的攻击性，而是信念和期望。何种想法可以让一个孩子建立起信心？或许一个6岁孩子不会这样表达，但我觉得可以归结为两个老朋友：“做得到”和“会发生”。

信心是相信你自己可以做到某件事，以及如果你做到了，好事就会发生。你提升了自己的社会地位，就可以赚更多钱、更有地位、更有权势，也会让自己的信心增强。我们在上文中说过，这些方面就像复利一样，可以助力你日后取得更大成功。

---

① 格雷格P.，沃什布鲁克E.. 在解释社会经济背景不同的11岁儿童的成就差异方面，态度和行为扮演的角色. 纵向和生命历程研究（*Longitudinal and Life Course Studies*），2011，2（1）：41－58.

但社会经济地位还可以带来同样重要的另一样东西：快乐。快乐的人往往更自信。斯坦福大学在1985年发表的一项研究发现，只要人为地让一个人的心情变好，就可以增强这个人的自信。[①]爱荷华大学（University of Iowa）的研究人员发现，这也能让人对自己所做的决定更有信心[②]，即使决定的风险更高，也是如此。

这样一来，生活岂不是很不公平？更有钱、更成功的人不仅会更有信心，还会更快乐。这两种心理状态结合起来，会加大你取得成功的概率，形成良性循环。

不过，社会阶层、快乐和信心之间的关联或许并不像乍看起来这么绝对。

快乐的拉丁美洲人

比起富裕的同胞，贫穷的人生活更不快乐，更不健康，寿命也更短；比起富裕国家的居民，贫穷国家的居民生活更不快乐，更不健康，寿命也更短。不过，在拉丁美洲是例外。统计学家的上述相关性分析在大多数拉美国家并不成立。考虑到拉美国家的财富状况、腐败程度和街头暴力，那里的公民比按统计学算出的应有水平更加快乐。例如，巴西公民虽然在以上三方面都面临严峻挑战，但其快乐程度与英国公民相近；而墨西哥公民的快乐程度还略高于美国公民。[③]

---

① 卡瓦纳D. J.，鲍尔G. H.. 心情和自我效能：喜悦和悲伤对感知能力的影响. 认知疗法与研究（*Cognitive Therapy and Research*），1985，9（5）：507－25.

② 德尔丁P. J.，莱文I. P.. 情绪诱发在高风险决策任务中的影响. 心理计量学会公报（*Bulletin of the Psychonomic Society*），1986，24（1）：4－6.

③ 萨克斯J. D.，莱亚德R.，赫利维尔J. F.. 世界快乐报告，2018年3月14日. [获取和访问路径：https://worldhappiness.report/ed/2018/] 引用日期：2020年9月2日.

为什么会有这种现象？家庭和人际关系似乎是其中的关键因素。

平均而言，拉丁美洲成年人更多地和父母同住（墨西哥的比例是39%，而美国的比例是10%），有家人可以帮忙照顾孩子（墨西哥的比例是80%，而美国的比例是46%）。调查也发现，在过去4周内，他们至少探望过叔叔/阿姨/舅舅/姑姑两次（巴西的比例是23%，而澳大利亚的比例是4%），见过堂表兄弟姐妹两次（巴西的比例是29%，而英国的比例是9%），见过侄子侄女外甥外甥女大约4次（巴西的比例是50%，而芬兰的比例是14%）。他们还会每天跟自己最好的朋友见面，或者至少每周见几次（巴西的比例是65%，而丹麦的比例是18%）。

那么，是不是只要跟亲朋好友建立亲密的关系，就能找到快乐的秘诀呢？如果外在的现实世界艰难困苦，充满了贫穷、犯罪和腐败，这些亲密关系能不能保护我们免受外界影响呢？

或许吧。但不只是这么简单。

快乐的大脑

拿出手机，打开相册，找到一张与自己关系亲近、会让自己心头一暖的人的照片。接下来，凝视着这张照片，心中浮现对这个人美好的回忆、感觉和想法。注意自己的感觉，觉察这种愉悦的感受。这种身体感受来源于大脑深处腹侧纹状体周围的脑区网络。众所周知的神经递质多巴胺是这个情绪回路中的关键“燃料”。你看着这张照片产生的愉悦感，与多巴胺的释放互为因果。[1]

我们的大脑只有这么一个愉快中枢，但忙碌的生活都围绕着这个愉快

① 贝里奇K. C.，克林格尔巴克M. L.. 愉悦感的情感神经科学：人和动物的奖励. 心理药理学（*Psychopharmacology*），2008，199（3）：457 - 80.

中枢展开。我们的行为、想法和期盼决定了它的起伏。这个愉快网络的活动波动，是否只是暂时性愉悦的短暂标记，其实与我们长期的快乐和幸福感无关呢？不是的，你越是幸福快乐，这个回路中的多巴胺活动水平就越高。[①]这不只是几分钟、几小时的事情，几天、几个月、几年里都是这样。

这种与愉悦相关的大脑活动是天然的抗抑郁药。或许你也猜到了，抑郁的人大脑中这种活动水平要低得多。[②]同样重要的是，多巴胺驱动的愉悦活动可以大大减少身体制造的压力激素皮质醇。[③]我们在上文中看到，快乐可以孕育信心，反之亦然。

由于这两种心理状态在大脑的奖励网络中有同一个大本营，这也就不足为奇了。要说明快乐与信心之间这种相互依赖的关系，或许可卡因对人的影响是一个最突出、最极端的例子。吸食后，快乐和信心都会（短暂地）上升。[④]但即使没有可卡因，神经学家也可以用电刺激奖励网络，制造出类似的心理状态。[⑤]要是国家体育运动队大获全胜，也会对千百万人的心情和自信产生类似的影响。犹他大学（University of Utah）的研究人员研究了1994年意大利队对阵巴西队的世界杯决赛，发现比赛令支持

---

① 沃尔科夫N. D.，托马西D.，王G. J.，福勒J. S.，特朗F.，戈尔茨坦R. Z.，等. 积极情绪与眶额皮层和默认网络脑区的基础代谢相关. 分子精神病学（*Molecular Psychiatry*），2011，16（8）：818－25.

② 赫勒A. S.，约翰斯通T.，沙克曼A. J.，莱特S. N.，彼得森M. J.，戈尔登G. G.，等. 重度抑郁症患者维持积极情绪的能力下降，反映大脑额叶纹状体维持激活的能力下降. 美国国家科学院院刊，2009，106（52）：22445－50.

③ 赫勒A. S.，范 · 弗雷昆C. M.，谢弗S. M.，拉帕提R. C.，拉德勒B. T.，里夫C. D.，等. 纹状体维持活动可预测实现论幸福和皮质醇分泌. 心理科学，2013，24（11）：2191－200.

④ 格里尔A. M.，马丁G.，乔登斯C.，麦克唐纳S.. 吸食强效纯可卡因的动机 // 普里迪V. R.（编辑）. 毒瘾和物质滥用的神经病理学：第2卷（*Neuropathology of Drug Addictions and Substance Misuse: Vol. 2*）. 圣迭戈：学术出版社，2016：229－36.

⑤ 辛诺菲克M.，施莱普弗T. E.，芬斯J. J.. 多快乐才算快乐？欣快、神经伦理学以及伏隔核的深部脑刺激. 美国生物伦理学杂志：神经科学（*AJOB Neuroscience*），2012，3（1）：30－6.

者的睾酮素增加，从而令大脑中的多巴胺水平上升。[①]

信心和快乐是相互关联的，通过大脑的多巴胺奖励网络彼此强化。快乐、自信的人在许多领域表现更佳，也更有动力、更有韧性。由于皮质醇水平较低，他们也没有那么大压力。与之相反，缺乏信心、不太快乐的人皮质醇水平较高。皮质醇有助于调节身体对压力的反应，在短时间内是帮助你应对危机的应急燃料；可是，要是人体内的皮质醇长期居高不下，就可能造成很多损害。

比起社会经济地位较低的人，社会经济地位较高的人少生病、更长寿。其中的原因有很多，包括饮食和接触污染。但以上所说的是不是重要原因呢？我们是否可以认定社会经济地位较低的人，大脑中这些愉悦回路的活动就较少呢？

纽约市和大多数国际大都会一样，富人和穷人在街上擦身而过。尤其是在纽约上西区西165街上，哈林区贫困和贵族化的气息夹杂交错，令人目眩。哥伦比亚大学（Columbia University）的精神科学系就坐落在这里。2010年，精神科学系的黛安娜·马丁内斯（Diana Martinez）教授和她的同事招募了来自不同社会经济背景的志愿者，用光洁闪亮的PET（正电子发射断层显像）大脑扫描仪扫描他们的大脑，想要发现大脑的愉快中枢能否反映他们的实际经济状况。马丁内斯想知道，有关快乐与财富之间关系的全球性调查是准确的吗？她发现有明确的证据显示，一个人的社会地位越高，大脑愉快中枢中多巴胺的分子接收器就越多。[②]

马丁内斯进一步询问志愿者，家人、朋友和社区可以给他们提供多少

① 伯恩哈特P. C.，达布斯J. M.，菲尔登J. A.，卢特尔C. D.. 体育运动队胜负为粉丝带来替代体验引起的睾酮变化. 生理与行为（*Physiology & Behavior*），1998，65（1）：59－62.

② 马丁内斯D.，奥洛斯卡D.，纳兰德兰R.，斯莱夫斯坦M.，刘F.，库马D.，等. 人类志愿者纹状体中的多巴胺2/3型受体可用性和社会地位. 生物精神病学（*Biological Psychiatry*），2010，67（3）：275－8.

社会支持。我们在上文中看到，拉丁美洲人与亲朋好友间维持着亲密的关系，可以有效缓冲收入偏低令人心情抑郁的效应。从纽约人的大脑中也可以观察到这种现象。社会支持与社会经济地位一样，也能够提升大脑中的多巴胺接收器水平。

我们知道，信心和快乐在大脑中是相互关联的，都能减少焦虑。患有严重社交焦虑症的人在接受了认知行为治疗之后，大脑中的多巴胺活动逐渐增加，焦虑水平下降，在社交场合感到更加自信。①

如此看来，信心能带来特权，而特权又能够进一步增强自信，如此循环反复。对此，我们有什么办法呢？出生时的地位会影响到我们的快乐和信心，这会不会决定我们的人生呢？在快乐与信心的研究背后，有没有什么更根本性的东西，能够帮助我们回答这个问题呢？

人最大的需求

大量研究显示，面对生活压力，掌控感可以为人提供一定的缓冲。②

1999年，马萨诸塞州布兰迪斯大学（Brandeis University）的玛吉·拉赫曼（Margie Lachman）和苏珊娜·韦弗（Suzanne Weaver）对一项纵向研究中近6000名40多岁人士的数据进行筛选。研究人员早年测量了这些参与者的健康状况和快乐程度。与之前许多研究者一样，拉赫曼和韦弗也发现，社会经济地位、健康和快乐是密切相关的。一个人的社会地位越低，就越有可能产生抑郁，对生活的满意度低，健康状况也欠佳。

① 瑟文卡S.，赫德曼E.，伊科马Y.，尤费尔特D. R.，吕克C.，哈尔丁C.，等. 多巴胺D2受体结合变动与社交焦虑症患者接受心理治疗后症状减轻相关. 转化精神病学（*Translational Psychiatry*），2012，2（5）：e120.

② 拉赫曼M. E.，韦弗S. L.. 掌控感对健康和幸福感的社会阶层差异的调节. 人格与社会心理学杂志，1998，74（3）：763－73.

然而，这只适用于一部分人。有一组低收入人士也感到快乐，满意自己的生活，感觉身体健康，对这三项的自我评价不逊于最富裕的一组。这些人的共同点是不同意这样的陈述："在我身上发生的事，我控制不了。"事实上，掌控感可以打破贫穷对心理健康的不良影响。

掌控感意味着你相信自己可以采取行动，而你的行动也会产生影响。[①]这就是信心。

一个人的掌控感对于人的快乐和信心来说是至关重要的。

对于家庭条件不好的孩子来说，经济条件是一台"绞肉机"，可是，他们至少有一个逃脱的机会。无论家庭背景、父母期望或社会历史如何，一个孩子只要觉得可以在一定程度上控制自己的能力及/或环境，就可以运用这个"添加剂"，在学校取得更好的成绩。不同的研究人员分别对国际研究的分数做了评估，发现早期教育计划能够特别有效地防范经济劣势造成的部分影响，效果可以持续至成年后期。[②]这些教育计划的其中一个作用，就是增强孩子的信心。[③]

对控制的需求是人最基本的驱动力之一。如果你在一只动物分别做两件事时给予同样的奖励，即使回报是一样的，它们也会选择去做有一定选择的事。人就更喜欢有选择了。利兹大学（University of Leeds）的研究人员发现，在决定去哪个夜店或哪家银行时，人们宁愿"为选择而选择"，也不喜欢毫无选择余地。即使对产品或体验的质量毫无影响，他们也更喜

---

① 范·施图姆S.，加莱C. R.，巴蒂G. D.，德里I. J.. 童年智力、控制点和行为障碍作为代际社会流动性的决定因素：英国群组研究，1970. 智力（*Intelligence*），2009，37（4）：329－40.

② 布格尔K.. 幼儿期看护和教育对认知发展有何影响？为不同社会背景的儿童提供早期干预效果的国际综述. 儿童早期研究季刊（*Early Childhood Research Quarterly*），2010，25（2）：140－65. 另见：巴尼特W. S. 早期教育干预的效果. 科学（*Science*），2011，333（6045）：975－8.

③ 戴蒙德A.，李K.. 干预有助于4至12岁儿童的执行功能发展. 科学，2011，333（6045）：959－64.

欢有选择权（也就是有一定形式的控制权）。[①]人想要做出选择，想要感觉能够控制自己的生活，这是我们大脑中天生的欲望。正因如此，控制和快乐一样，能够打开与多巴胺相关的奖励网络。[②]

人对控制的需求是根深蒂固的，信心能驾驭这个需求。有了信心，你就相信自己做得到，而且做的事会对世界产生影响。这就是控制的本质。这不仅是财富或某个文化的特征，在全球各地都是这样的。世界价值观调查（World Values Survey）每年会访问100多个国家或地区数以千计的人，从调查结果可以看出这一点。

这项调查的一个问题是："你对选择生活方式时的自由度大小是否满意？"

在全球各地，如果你对这个问题的回答是"满意"，那么平均而言，你的积极情绪较高，消极情绪较低。[③]我们在第三章中看到，掌控感是信心的关键元素。因此，也难怪"控制—信心—快乐"是相辅相成、彼此强化的了。

三者相辅相成的心理状态也能促进经济增长。[④]伊利诺伊大学（University of Illinois）的研究人员发现，快乐、自信的人觉得能够控制自己的生活，就会愿意承担更多投资风险。无论社会经济地位如何，一个人的

---

① 鲍恩N. J.，里德D.，萨默斯B.. 选择的诱惑. 行为决策杂志（*Journal of Behavioral Decision Making*），2003，16（4）：297 - 308.

② 莱奥蒂L. A.，延加S. S.，奥克斯纳K. N.. 生而选择：掌控感需求的源头和价值. 认知科学趋势，2010，14（10）：457 - 63.

③ 萨克斯J. D.，莱亚德R.，赫利维尔J. F.. 世界快乐报告，2018年3月14日. [获取和访问路径：https://worldhappiness.report/ed/2018/] 引用日期：2020年9月2日.

④ 卡普兰斯基G.，利维H.，费尔德C.，费尔德-默库洛瓦Y.. 快乐的人会成为乐观的投资者吗？. 金融与定量分析杂志，2015，50（1 - 2）：145 - 68.

快乐程度都是预测个人财富的良好指标。[①]

在全球各地，比起健康状况、工作、财富、婚姻状况或宗教信仰，“对自己的生活有一定控制”的自信感更能有效预测一个人的生活满意度。[②]在某个国家之内或不同国家之间都是如此。[③]要避开劣势，改善生活机遇，你需要信心之桥的两个桥跨：“做得到”和“会发生”。信心到位了，就能够在很大程度上预测一个人表现如何（我们在后文中会看到，还能预测整个经济体系的表现）。[④]

当然，光是相信自己能够控制自己的生活，并不能自动改变你的处境，但长远而言，可以改变你对未来的展望。拉丁美洲人单凭掌控感，并不能改变犯罪率或经济不平等的状况。但一个社区有了掌控感，就会对居民的快乐程度和信心产生积极影响。

如果我们由此断定，掌控感可以让我更快乐，那么，我怎么知道自己是否快乐呢？

不快乐的银牌获得者

原来，无论我在客观上有多么富裕或贫穷，在预测我的快乐程度和寿命时，我对自己有多么富裕或贫穷的主观感觉是同样重要的。[⑤]同样，无论我在客观上的身体健康状况如何，在预测我的快乐程度和寿命

① 迪纳E.，塞利格曼M. E.. 金钱之外：发展幸福感经济. 公共利益心理科学（*Psychological Science in the Public Interest*），2004，5（1）：1 31.

② 韦尔姆P.. 快乐、自由和控制. 经济行为与组织杂志，2009，71（2）：146 - 61.

③ 萨克斯J. D.，莱亚德R.，赫利维尔J. F.. 世界快乐报告，2018年3月14日. [获取和访问路径：https://worldhappiness.report/ed/2018/] 引用日期：2020年9月2日.

④ 希特林S.，柯克帕特里克·约翰逊M.. 重新定义生命历程中的能动性：展望未来的力量. 美国社会学期刊，2015，120（5）：1429 - 72.

⑤ 格莱D. A.，戈德曼N.，温斯坦M.. 知觉有其现实：对经济困境的主观和客观测量. 人口与发展评论（*Population and Development Review*），2018，44（4）：695 - 722.

时，我对自己健康状况的主观感受也是同样重要的。[①]杜克大学（Duke University）和伦敦国王学院（King's College London）在2020年做了一项研究，证实了这一点。参与者是英国2000多对双胞胎，来自不同的背景，从英国最富裕到最贫穷的地区都有。研究人员评估了他们在18岁时的工作、受教育程度、是否吸毒或犯罪，以及抑郁、焦虑和乐观程度。然后，研究人员会要求这些从最贫穷到最富裕不等的双胞胎评价自己与英国其他人相比，处于社会地位"阶梯"的哪个位置。

令人惊叹的是，在成年双胞胎中，那些觉得自己的社会地位低于双胞胎兄弟姐妹的人，在所有这些指标中表现较差，从犯罪情况、受教育程度到心理健康状况都是如此。即使把社会经济地位、智力和其他变量的客观水平均等化之后，也是这样。很重要的一点是，这些双胞胎12岁时，并没有这样的情况，所以，并不是双胞胎先前存在什么差异。[②]

事实上，青春期的经历使得其中一些人觉得自己的社会地位比不上双胞胎兄弟姐妹。一旦产生了这样的感觉，他们的行为、心理健康、受教育程度、工作和乐观程度都会受到不良影响。

或许我们可以从奥林匹克运动会奖牌获得者对胜利的反应中，理解知觉对健康和幸福感的强大影响。研究发现，平均而言，银牌获得者对成绩的满意度不如金牌获得者。这没什么好奇怪的。不过，银牌获得者的快乐程度也不如他们打败的铜牌获得者。[③]

---

① 赫尔默C.，巴贝尔热-加托P.，莱滕纳尔L.，达尔蒂格J. F.. 法国老年女性和男性的主观健康和死亡率. 老年病学期刊B系列，1999，54（2）：S84－S92.

② 里文巴克J.，阿瑟诺L.，卡斯皮A.，达纳斯A.，费希尔H. L.，莫菲特T. E.，等. 青少年对家庭社会地位的看法与健康和生活机遇相关：双胞胎差异的纵向群组研究. 美国国家科学院院刊，2020，111（38）：23323－8.

③ 麦格劳A. P.，梅勒斯B. A.，泰特罗克P. E.. 奥林匹克运动员的期望和情绪. 实验社会心理学杂志（*Journal of Experimental Social Psychology*），2005，41（4）：438－46.

这是因为你的快乐程度取决于你跟谁比较。银牌获得者往往会“向上比较”——就慢了一点点，差一点就获得金牌了。铜牌获得者更有可能“向下比较”，松一口气——呼，差点空手而归，还好总算有奖牌入账。一个人觉得自己多富裕/贫穷、多快乐也是一样，实际上是可以改变的，要视乎你选择跟谁比较而定。

在磁共振成像（MRI）扫描仪中，我们可以看到这种社会比较的影响。波恩大学（University of Bonn）的克劳斯·弗利斯巴赫（Klaus Fliessbach）带领一支团队，研究大脑的奖励网络是怎样参与其中的。大脑奖励系统的启动不仅取决于我们自己得到的奖励，更取决于其他人得到的奖励，这一点是很重要的。[①]在弗利斯巴赫的研究中，志愿者成对地躺在相邻的功能性磁共振成像（fMRI）扫描仪前，玩一个简单的游戏，快速估计屏幕上的圆点数量。重要的是，他们回答正确，就会赢钱。

赢钱会令腹侧纹状体（奖励网络的重要部分）更加活跃。不过，要是在某些回合中，你的队友跟你一样回答正确，却赢了更多钱，那又会如何？毕竟你还是得到奖励了，腹侧纹状体应该还是活跃的，对吧？是的，可是比起另一个人，你赢的钱比较少，因此，腹侧纹状体的活跃程度会大大下降。同理，你感觉自己是富裕还是贫穷，生活是蒸蒸日上还是处于挣扎状态，要视乎你跟谁比较而定。

那么迄今为止，我们已经发现了信心的几个来源：成功、更高的社会经济地位，以及快乐。除此之外，如果你有掌控感，与其他人相比感觉优越，也会对这几大变量在我们生活中发挥的作用产生重要影响。可是，塑造信心的还不止这些因素。

---

① 弗利斯巴赫K.，韦伯B.，特劳特纳P.，多门T.，森德U.，埃尔格C. E.，等. 社会比较会影响人脑腹侧纹状体的奖励相关活动. 科学，2007年11月23日，318（5854）：1305－8.

Failing Confidently

Chapter 5

第五章

自信地失败

第五章 | CHAPTER 5

2009年11月27日一大早，一辆SUV（运动型多用途汽车）加速驶离佛罗里达州一栋房子的车道，却来了个急转弯，冲到邻居的草坪上，先后撞上大树和金属消防栓，才停了下来。警察抵达现场，发现司机躺在街上，昏迷不醒。[①]

2017年8月17日，警察发现同一个男人在一辆奔驰的驾驶位上，又再次昏迷不醒。车停靠的位置异常，车身严重刮伤。验血显示，他体内有五种不同的药物[②]，包括四氢大麻酚（THC）（大麻的主要成分）、两种安眠药和两种强力止痛药。在警方拍摄的大头照中，一个眼皮松弛、胡子拉碴的男人呆呆地看着镜头，眼神茫然，眼中布满血丝。他承认鲁莽驾驶。

第一次出车祸时，泰格·伍兹是史上最成功的高尔夫球手，在1998年至2009年的12年间，有11年世界排名第一。但那次事故之后，他的私人生活和职业生涯都陷入了混乱。他的世界排名从2009年的第1位，暴跌至2017年的第1199位。他饱受背部伤病困扰，做过多次背部手术，遭受着长期慢性疼痛的折磨，有时候甚至身体失能，连跟年幼的孩子一起玩耍

---

① 泰格·伍兹在车祸中受伤. ESPN，2009年11月27日. [获取和访问路径：https://www.espn.co.uk/golf/news/story?id=4693657] 引用日期：2020年8月15日.

② 据警方报告，泰格·伍兹被捕后体内有五种药物. 纽约时报，2017年8月16日.

都很勉强。

然后，在2019年4月14日，情况峰回路转。在亚特兰大高尔夫球场第18洞，随着一个白球掉进洞里，发出轻微的“扑通”一声，泰格·伍兹夺得了2019年美国大师赛冠军，世界排名上升至第5位。在长达9年的时间里，他在运动事业和私人生活中屡屡受挫，这次获胜是了不起的浴火重生。[①]他是怎样做到的？他从内心获得了怎样的力量，才重新攀上了高尔夫球事业的高峰？

班戈大学（Bangor University）在2017年发表的一项研究发现，比起一般精英运动员，超精英运动员在运动事业早期获得过重要的胜利。年纪轻轻，他们就取得了这种成功的经验，建立起强大的自我信念，为日后的成功打下了重要的“根基”。泰格·伍兹年仅15岁就赢得了美国青少年业余高尔夫锦标赛（US Junior Amateur Golf Championship），成为这项赛事有史以来最年轻的冠军。除此之外，超精英运动员与一般精英运动员还有一项重要区别。所有超精英运动员在小时候都有过不幸的遭遇。例如，父母离异并相互指责，家庭成员的关系出现其他严重的问题，又或者他们曾经饱受欺凌，倍感孤独。[②]但有过不幸的遭遇之后，又发生了“令职业生涯发生转变”的事件，令他们充满动力，全心全意地投入到自己的运动项目之中。这些事件包括加入知名球队，或者与奥林匹克运动会奖牌获得者见面，由此得到启发，等等。

2015年，就在泰格·伍兹的事业陷入最低谷之际，一位16岁男孩的父母联系了这位高尔夫球手。男孩患有严重口吃，受到欺凌和孤立，曾经

---

① 福代斯T.. 泰格·伍兹东山再起：浴火重生的动人故事. BBC体育，2018年9月24日. [获取和访问路径：https://www.bbc.com/sport/golf/45625712] 引用日期：2020年8月15日.

② 哈迪L.，等. 英国奖牌得主：奥林匹克运动会超精英运动员和精英运动员的社会心理履历. 脑研究进展（*Progress in Brain Research*），2017，232：1－119.

自杀未遂。伍兹给男孩写了一封信，第一次透露自己小时候也会结巴，因此受到欺负，感觉孤独。[①]换言之，他小时候也有过很负面的经历。

为什么超精英运动员小时候普遍有过艰难的经历？他们又为什么可以因祸得福呢？

“但愿有人告诉我，焦虑也没关系”

童星出身的作家玛拉·威尔逊（Mara Elizabeth Wilson）谈到自己在童年和青少年时期感到焦虑，说出了上面标题处引用的这句话。这位年轻女星在电影《玛蒂尔达》（*Matilda*）中饰演玛蒂尔达·沃姆伍德（Matilda Wormwood），在屡获殊荣的《窈窕奶爸》（*Mrs Doubtfire*）中饰演娜塔丽·希拉德（Natalie Hillard），事业大放异彩。不过，她也为21世纪的流行病——焦虑所困扰。1996年，她年仅9岁时拍完《玛蒂尔达》，之后母亲因癌症去世了。之后多年里，她充满焦虑，还受到其他困扰。后来她表示，但愿有人告诉她“焦虑也没关系”。[②]

但她说的是什么意思呢？如果玛拉和千百万焦虑症患者觉得“焦虑也没关系”，这意味着什么？为什么这样想是有用的？因为相信这一点，就意味着：（1）焦虑的感觉并不危险，不会因为焦虑，就发生可怕的事情；（2）焦虑并不是永久性的，不会永远存在；（3）你可以从恐惧中抽离出来，视之为飘过的病毒，是外在的、暂时的。

要在体育界最顶尖的水平竞争，就好像高空走钢丝一样，既会经历失

---

① 泰格·伍兹：高尔夫球手写信给青少年，讲述自己因口吃而受到欺凌的故事. BBC体育，2015年5月13日. [获取和访问路径：https://www.bbc.com/sport/golf/32717455] 引用日期：2020年9月1日.

② 皮特曼T.. 玛拉·威尔逊给患有心理疾病的青少年的重要信息. 赫芬顿邮报（*Huffington Post*），2015年5月5日；2017年12月7日更新. [获取和访问路径：https://www.huffingtonpost.co.uk/entry/mara-wilson-project-urok_n_7213598?ri18n=true] 引用日期：2020年9月23日.

败、自我怀疑和伤病，又能够取得激动人心的成功和荣耀。像泰格·伍兹这样的顶尖运动员参加重要大赛，情绪上难免会有很大起伏。但超精英运动员小时候有过艰难的经历，忍受过这些消极情绪，已经学会了一个道理：这些情绪纵然痛苦、不愉快，却也是短暂、可控的，并不能决定他们是怎样的人。

玛拉·威尔逊说的是对恐惧的恐惧。她的意思是，只要消除了对恐惧的恐惧，余下的东西纵然不愉快、不舒服，却也是可控的。小时候受到欺凌，大多数人都会感到焦虑、悲惨。但如果你遇到了好事呢？例如你钦佩的人表扬了你，或者你赢得了一场比赛呢？这样的体验会让我们的大脑释放多巴胺，这种化学信使会让我们的心情变好，消除焦虑，更有动力，是天然的抗焦虑药。伍兹在高尔夫球场上取得的成功，会淡化他在学校的悲惨遭遇。在这过程中，他学会了三个道理。

焦虑只是他整个人的一小部分；不然，他在高尔夫球场上还是会焦虑，可是他并没有。焦虑是会过去的。焦虑是可以由行动控制的。

对玛拉·威尔逊来说，单凭对焦虑“直呼其名”，她就像捕鱼一样把焦虑逮个正着。这家伙不是她这个人的一部分，而是在她之外的，是明确的，也是可以改变的，所以没那么可怕。是的，成功可以增强信心，但如果你经历了焦虑、抑郁的艰难时期，成功的力量就会成倍地放大。成功会按动你头脑中那个“快乐”按钮，驱走恐惧，让你的心情变好。就像泰格·伍兹一样，这也能帮助你学会有关消极情绪的三个重要道理。

斯坦福大学的研究人员阿尔伯特·班杜拉（Albert Bandura）认为，泰格·伍兹的这种经历是个人信心最强大的来源之一。感觉自己经历并克服了艰难困苦，比什么都更能增强自我信念。[①]

维纳斯·威廉姆斯在10岁之前，一直住在康普顿市。这座城市位于洛杉矶以南，贫穷落后，帮派横行。[②]2012年，威廉姆斯姐妹接受了《纽约时报杂志》(*New York Times Magazine*)的采访。文章中写道，维纳斯和妹妹塞雷娜在公共网球场打球，一听到附近传来枪声，就懂得就地躺下。塞雷娜记得7岁时练球，白人小孩不习惯看见非白人打网球，来到她和她姐姐面前，管她们叫“黑鬼”。2003年，维纳斯和塞雷娜最年长的同父异母姐姐（也是她们的私人助理）在康普顿市遇害。

逆境的窑炉可以锤炼出信心，维纳斯符合这个规律。但除此之外，还有另一个因素——她的父亲。他坚信，威廉姆斯姐妹一定会成为伟大的网球运动员。“首先要有信念，然后要有训练。”维纳斯告诉《纽约时报杂志》记者，这种信念来源于她的父亲：理查德·威廉姆斯（Richard Williams）。

他毫不动摇地相信她们，全心全意地投入于对她们的指导。这种信念也深深地植根在维纳斯和塞雷娜心中，成为她们的内在信念。

研究发现，当一个孩子对父母或其中一方有牢固的安全型依恋，往往会更加自信，尤其是在处理与他人的关系上。[③]有能力的父母会在孩子心

---

① 班杜拉A.，切尔沃内D.. 自我评估和自我效能机制规管目标系统的激励作用. 人格与社会心理学杂志，1983，45(5)：1017－28.

② 沙利文J. J.. 维纳斯和塞雷娜与全世界抗争. 纽约时报杂志，2012年8月23日. [获取和访问路径：https://www.nytimes.com/2012/08/26/magazine/venus-and-serena-against-the-world.html] 引用日期：2020年8月15日. 另见：塞雷娜·威廉姆斯接受说唱歌手Common采访，谈论种族和身份. The Undefeated网站，2016年12月19日. [获取和访问路径：https://theundefeated.com/features/serena-williams-sits-down-with-common-to-talk-about-race-and-identity/] 引用日期：2020年8月15日.

③ 科尔曼P. K.. 对童年中期亲子依恋关系、社会自我效能和同伴关系的看法. 婴儿和儿童发展（*Infant and Child Development*），2003，12(4)：351－68.

中点燃信心之火，让孩子觉得得到拥抱，而非遭到排斥。然而，有些成功的父母在有意无意之间，会希望别人仰慕自己取得的成就。他们可能会流露出“自命不凡”的自恋气息，让孩子觉得永远也比不上父母的成就。相比之下，这种知觉会严重打击孩子的自信。

即使父母与孩子之间有温暖的关系，也可能出现这种负面影响。当父母只关心名次，而不去关心孩子与过去成绩相比取得的进步，这种做法有可能消磨孩子的自信。[①]如果一个孩子总是担心坏事发生，总想跟人比较，就会产生对失败的恐惧。我们在下文中会看到，在建立自信的过程中，对失败的恐惧是一大拦路虎。

父母和导师（还有朋友、兄弟姐妹、同事或老板）也可能想通过说服的方式，帮助一个人建立信心。“加油，你做得到的！”视乎双方的关系而定，这种做法可能会促使一个孩子去尝试自己本来不会尝试的事情。伍迪·艾伦有一句妙语：生命中百分之八十的成功，来自你愿意“现身”。这句话在很多情况下是正确的。光是去做一件事，就能够给人带来类似于成功的成就感。

如果采取行动是建立信心的关键，也就难怪容易焦虑的人往往没那么自信了。他们选择回避时，也就失去了在日常生活中取得小小成功的机会，而成功对大脑有天然的抗焦虑和抗抑郁作用。因此，在选择回避时，他们也就失去了建立信心的大好机会。

焦虑是我们直觉的感受，会影响到我们所做出的决定。做，还是不做？这种感觉尖锐而又强大，经常会推翻我们的理性想法，例如“我没有理由做不到”。焦虑的感觉也经常会打败家人、朋友或同事的规劝：“加

---

① 科伊武拉N.，哈斯门P.，法尔比J.. 精英运动员的自尊和完美主义：对竞争焦虑和自信的影响. 人格与个体差异（*Personality and Individual Differences*），2002，32（5）：865－75.

油，你知道自己做得到的。”或许在理性上，你知道自己做得到。可是你胃里翻江倒海，心跳如雷，怕得冷汗直流，这种强大的感觉经常会占上风。焦虑会说服你：一旦踏入前方的未知领域，危险和失败就在等着你。

直觉会霸道地对信心指手画脚。可是，我们可以相信直觉吗？

相信直觉

1998年，我决定离开剑桥大学纯研究型的终身职位，到都柏林圣三一大学任职。直觉告诉我，这是正确的决定。20多年后，事实也证明，当年的决定是正确的。我拿自己做这项重大决定的方式，与做小决定（例如去哪里度假，买什么电脑）的方式做了比较，两种方式有天壤之别，形成鲜明对比。在做小决定时，我会煞费苦心地衡量成本与效益；而在做大决定时，我似乎从直觉出发，在内心深处有一种安定的信心。

“直觉”（gut）这个英文单词也有“肠子”的含义，那么，难道信心是来源于肠子的吗？从某种意义上来说，是这样的。当你选择去做一件事，而不做另一件事时，记录你是否做出了正确选择的，不仅是你的理性脑。你也会对所发生的事情产生情绪反应。选对了，你会感觉愉快；选错了，你会感觉痛苦。焦虑会令人肠胃绷紧、扭曲，肌肉僵硬（尤其是肩颈肌肉），呼吸加速。

你过去做的决定都得出了怎样的结果，大脑会记一个流水账。不过，大脑并非只是纯粹以认知的方式，冷静地储存判断正确和失误的审计报告，还会储存与不同类型决定相关的身体感受。储存身体感受的脑区位于眼睛后上方，称为“腹内侧前额叶皮层”。然后，这些记忆会指挥另一个脑区描绘内部感觉的地图，这个脑区称为“岛叶皮层”，会决定你在某一刻的身体感受有何规律。[①]

我记得自己还是年纪青涩的研究生时，第一次参加国际大会，为了要不要向一位知名嘉宾提问而痛苦纠结。我还记得自己翻来覆去地想，要不要在几百人面前站起来，问一个可能很傻的问题，贻笑大方，并为此焦虑不已。最后，我下定决心，站起来提问。这次提问并没有一鸣惊人，但嘉宾至少经过缜密思考，认真回答了我的问题。

我记得自己重新坐下，感到如释重负，紧张不安过后的满足感涌遍了肌肉、肺部和肠胃。当然，这种感觉很快就过去了，我把这个痛苦的决策过程和结果抛诸脑后。但不久后，我又参加了另一场大会，想要提问。这一次，我没有那么痛苦纠结了，而是鼓起勇气拿起了话筒，再度冒着暴露自己无知的风险，提出问题。由于上一次的结果让我产生了积极的情绪，我的大脑储存了这些情绪，因此这一次做决定会轻松一点。我在为“要不要提问”而挣扎时，与上一次结果相关的情绪就像音乐剧中的重复乐段，引起了同样的身体感受。对我来说，虽然有点紧张不安，却是积极的直觉感受。因此，我有信心在第二次大会上提问。

每参加一次新的大会，对公开发言的直觉感受记忆就会愈发强烈。久而久之，我再想提出一个观点或问题，已经不需要再做决定了。每当我想发言，大脑就会重播一首身体的乐曲，也是信心的主旋律。我已经学会了在这种情况下充满信心。

当然，直觉感受也可以打击一个人的信心。如果我在提问时说得含糊不清，或者对方的回应令我感觉到羞辱，我的大脑就会演奏一首身体感受的不和谐旋律，令我产生“不行，你做不到”的直觉感受。如果这种事情

---

① 纳克维N.，希夫B.，贝沙拉A.. 情绪在决策中扮演的角色：认知神经科学的角度. 心理科学最新指南，2006，15(5)：260－4.

反复上演几次，决定“不去做”就会成为我的默认选项，这种做法会打击我的信心。

我之所以会轻松地决定离开剑桥大学，一定是因为大脑在身体内重播了过去做出重大决定的主题曲。由于我的人生际遇比较幸运，这些曲调大致上相对优美动听，令我有信心遵循。但我也很清楚，如果自己没那么幸运，曲调可能就没那么悦耳了。直觉可能学会了告诉我，安全为上，不要做出改变、承担风险。我越是听从这样的直觉，消极的直觉感受就越会主宰我在生活中做出的决定。

这实际上是不是回到了“热手效应”？根据“热手效应”，成功的决定孕育成功的决定，信心只不过是人生幸运的结果累积而成的。但事情并非如此简单。我们在超精英运动员身上看到，人生中的艰难经历可以强化成功。正如玛拉·威尔逊表示遗憾的话，我们怎样看待“焦虑”这种身体感受，也可以塑造我们的信心。

与直觉对话，把焦虑转化为兴奋

几个月前某个星期六下午，我坐在家里，胃里打结，呼吸局促，手掌冒汗。我全身紧张，躁动不安，快要坐不住了。是什么事情让我如此焦虑？原来，在都柏林的英杰华体育场，爱尔兰橄榄球队刚以16比9的比分击败了新西兰全黑队，在近100年来两队交战中，才是第二次获胜。我压根儿不是焦虑，而是兴奋。

那么，这就是一个谜题了。兴奋和焦虑是两种不同的情绪，而我的症状却是一样的。两种相反的情绪却有着相同的身体感受，那么我怎么知道自己感觉到的是哪种情绪呢？这个问题听起来简单，实际上挺难的。其实，我们只能从情境去判断。在上面这个例子中，我之所以知道自己感觉到的是兴奋，是因为我在看球赛，我支持的球队获胜了。但如果我坐着飞机，飞机在半空中突然倾斜，我的身体也会有同样的症状，只不过这次是焦虑。

再听听泰格·伍兹的话："我总是说，哪天我打球不紧张了，我也就退役了。"伍兹说他需要感觉到紧张（既焦虑又期待）才能打好球，这是有确凿的科学依据的。你感觉紧张，心跳就会加快，向肌肉供应更多血液，让身体为行动做好准备。你的皮肤冒汗，呼吸加速，消化功能退居二线，令胃里翻腾。大脑会分泌更多去甲肾上腺素，这种化学信使含量适当，就可以令大脑功能同步，使之表现更好。去甲肾上腺素过多或过少，都会破坏大脑各项功能的同步运作，只有处于最佳含量，人才能达到最佳状态。

泰格·伍兹需要处于这种状态，才能发挥出最强实力。更重要的是，他积极看待这些感觉，并没有视之为障碍，而是看作提升表现的动力。

如果直觉可以告诉我，我有多么自信，那么，它是否有可能误导我，破坏我的信心呢？答案是肯定的。但我们不必被动地听从直觉的指挥。我们可以与直觉对话，改变对情绪的说法，把焦虑转化为兴奋。这就是泰格·伍兹所说的。他把直觉感受的紧张看作兴奋，看作一种积极的情绪，为自己注入活力。

有清晰的科学证据证明，你可以与直觉对话，把焦虑转化为兴奋。在第二章中，研究人员要求志愿者在大庭广众之下，做一项伤脑筋的心算任务。开始之前，一组人要大声说："我感到焦虑。"而另一组人要大声说："我感到兴奋。"那些告诉自己"我感到兴奋"的参与者不仅增强了信心，心算表现更好，还像泰格·伍兹一样，积极看待这些身体感受。他们的去甲肾上腺素水平下降，更接近最佳状态，有助于取得最佳心理表现。表现好了，我们会更加自信，更倾向于再接再厉，如此反复，形成良性循环。

但这又引出了另一个问题。如果你可以驾驭直觉感受，以此增强信心，为什么有些人学会这样做了，而有些人没学会呢？

怎样看待自己

现在抽出一点时间，想一下你可能很快会遇到的一个充满压力的情境。或许是你要进行一番尴尬的谈话，或许是你要做简报，或许是参加工作面试。现在闭上眼睛，努力置身于这个情境，体会你在这个情境下的感觉。你设想着其中的种种细节，大概会感觉到身体（尤其是肠胃）的反应。

你注意到怎样的感觉？腹部有什么感受吗？你的心跳加速了吗？或许你感觉到颈部的肌肉绷紧？记住这些感觉，然后问自己两个问题："压力是不是有害的，需要尽量避免呢？""压力是不是能够让我提升效率、更有活力，所以对我有益呢？"

如果你对第一个问题的回答是否定的，而对第二个问题的回答是肯定的，那么，你对压力的看法与泰格·伍兹相仿。你觉得压力是积极的，有了压力，你会感觉更好，取得更好的表现。你的肾上腺会分泌出更多DHEAS（脱氢表雄酮硫酸盐）。DHEAS是身体天然分泌的最重要类固醇之一，对身体和大脑有很多好处，包括让心情变好，改善生理韧性。[①]

积极看待压力是有好处的。那么，为什么那么多人害怕焦虑，反而更加焦虑呢？或者套用玛拉·威尔逊的话，为什么有些人觉得焦虑也没关

---

① 克拉姆A.J.，阿基诺拉M.，马丁A.，法思S.. 面对具有挑战性和带来威胁的压力，压力观在塑造认知、情绪和生理反应方面扮演的角色. 焦虑、压力与应对（*Anxiety, Stress & Coping*），2017，30（4）：379 - 95.

系，而有些人不这么觉得呢？这是否关系到我们对自己形成了怎样的看法？斯坦福大学的心理学家卡罗尔·德韦克（Carol Dweck）发现，我们对自己有怎样的看法，对我们的身体和心智影响深远。[①]她在《终身成长：重新定义成功的思维模式》（*Mindset*）这本书中写道，如果我们以固定型思维模式看待自己的性格、智力或情绪状态，就会觉得这些方面是与生俱来、不受我们控制的，是不可改变的。

如果你一直都很成功，那么，以固定型思维模式看待自己，或许有助于增强信心。可是，这种信心是很脆弱的，一旦遇到失败挫折，就好像证明了你固定的想法是错误的。这可就糟糕了，毕竟顾名思义，固定的能力是不受你控制的，你不能采取任何行动去挽救。而另一方面，对于采取成长型思维模式的人来说，学习是复杂而又多层次的，失败只是其中的一部分。失败是可以改变的，所以不会威胁到你对自身能力的看法。

那么，你的性格和情绪呢？想想看，你觉得这两方面是与生俱来、你不得不接受的，还是可以通过经验、学习、榜样或外界帮助，至少在一定程度上能够改变的？也就是说，你是以固定型思维模式还是以成长型思维模式看待自己的性格和情绪？

青少年遭到小圈子排挤的现象屡见不鲜，要是他们抱有固定型思维模式，就会难以应对。他们要是以固定型思维模式看待自己，就会觉得是自己有什么毛病，才会遭到拒绝；就更有可能退缩，陷入恶性循环。德韦克的研究小组在2013年发现，这些青少年不太会努力结交新朋友，因此，往往会变得更孤立、更不快乐。[②]

---

① 德韦克C. S.. 性格可以改变吗？信念在性格和改变方面扮演的角色. 心理科学最新指南，2008，17（6）：391－4.

② 耶格尔D. S.，苗A. S.，鲍尔斯J.，德韦克C. S.. 内隐人格理论和敌意归因：元分析、实验和纵向干预. 儿童发展（*Child Development*），2013，84（5）：1651－67.

研究发现，像青少年时期的玛拉·威尔逊这样的人，之所以会为焦虑感到害怕，是因为他们以固定型思维模式看待自己。他们觉得这些感觉是与生俱来、固定不变的，是自己无法控制的。

问一下自己这个问题：“我能改变自己的焦虑程度吗？”然后再问一下自己，是否同意这样的说法：“我就是有焦虑的倾向，怎么做也改变不了。”如果你对第一个问题的回答是否定的，对第二个问题的回答是肯定的，那么，你就是以固定型思维模式看待自己的焦虑。怀有固定型思维模式的人更难以应对生活压力，例如分手或失业。[①]当你怀有固定型思维模式，直觉和身体就会反复出现焦虑的感觉，（1）令你感到害怕；（2）你认为自己无法控制，遭受双重打击。

生活本来就“压力山大”，要是你还得面对这些看似陌生而又不可控制的感觉，就更是雪上加霜。但很重要的一点是，这些感觉其实是可以控制的。一个人以固定型思维模式看待自己的焦虑，其实就限制了自己的能力。只要抛开这种思维模式，你就能更好地应对生活压力，在需要心理援助的时候更乐于求助，效果也更好。[②]毕竟，如果你觉得自己的焦虑是固定不变的，就不太可能听从心理治疗师的建议去善加管理。

我的思维模式从何而来

我的一个老朋友有两个孩子，一儿一女。妹妹金曼比哥哥小一岁半。从小到大，哥哥在班上总是名列前茅，一直到大学都是拔尖生。妹妹的学

---

① 施罗德H. S.，亚尔奇M. M.，达乌德S.，卡拉汉C. P.，唐纳伦M. B.，莫泽J. S.. 以成长型思维模式看待焦虑，可缓冲充满压力的生活事件与心理困扰和应对策略之间的联系. 人格与个体差异，2017，110：23－6.

② 德·卡斯泰拉K.，戈尔丁P.，贾札里H.，亨贝格R. G.，德韦克C. S.，格罗斯J. J.. 社交焦虑症的情绪信念和认知行为疗法. 认知行为疗法（*Cognitive Behaviour Therapy*），2015，44（2）：128－41.

业成绩没有那么好，在一所竞争激烈的学校处于中游位置，不过取得了不小的进步。

我觉得她父母对女儿考试成绩的反应怪怪的。如果金曼拿到了B或C，他们有时会安慰她，说出这样的话："啊，没关系啦，也没差到极点。"但他们也会拿她的成绩跟哥哥比较，担心她的成绩差一些，起码达不到他们的高标准。他们甚至会可怜她，对我这样的朋友说："可怜的孩子，她没有哥哥那么会学习。"

金曼的学习成绩还可以，但比起哥哥不费吹灰之力就取得了优异的成绩，她相形逊色。每次学校出报告，她在父母眼中的平庸就暴露无遗。虽然父母经常提醒她说，她的学习成绩不好，她还是上了大学，可是才读了一年就退学了，在一家律师事务所当文员。我觉得这个女孩聪明伶俐，风趣迷人，搞不懂她为什么会退学，职业生涯也停滞不前。直到后来，我开始研究信心从何而来，才恍然大悟。

金曼的父母拿她的哥哥做准绳，所以在他们眼中，她每次考试成绩、每份学校报告都是失败的。或许金曼也觉得自己的学业成绩是失败的，这打击了她的信心，或许这就是她的职业生涯发展平平的一部分原因吧？但事情远没有这么简单。在心理上限制了金曼的，并不是她所谓的失败本身，而是她由此形成的思维模式："我的能力是固定不变的，因此，我怎么做都没有用。"她把在学校的这种感觉带到了职场上。这种思维模式从何而来？来源于父母对她"失败"的反应，而这种反应又来源于他们对失败本身的认识。

如果你为人父母，想一下你自己对以下说法有何反应。如果你没有孩子，想一下你的父母可能怎样回答。

你可以把失败变成好事。

失败可以帮助你学习成长。

失败可以帮助我做得更好。

失败会阻碍我学习成长。

失败让我的学习/工作成效大幅下降。

失败对你是不好的，所以你要尽量避免失败。

如果你同意前三句话，不同意后三句话，那么，你就是以积极的心态看待失败。你的孩子更有可能以成长型思维模式看待自己的情绪和能力。如果你不同意前三句话，同意后三句话，那么你的孩子就更有可能怀有固定型思维模式，正如德韦克的研究小组发现，信心和表现可能遭受打击。[①]如果你在设想父母的回答，请想一下他们的思维模式是怎样塑造你对待生活的态度的。

金曼的父母觉得她成绩中游就是失败。他们对金曼未能取得成功产生了恐惧，这种恐惧注入了她成长中的心智，令她对自己的能力形成了固定型思维模式。这影响远远不局限于她的课业，还影响到她对人际关系、独立性和（最重要的是）情绪的自信。在整个青少年时期和青年期，金曼患上了焦虑症和抑郁症，需要接受治疗，而医生居然也对她生活中所谓的失败持负面观点。他们的治疗方式以药物为主，也令金曼更加坚信自己是一个失败的人，无法改变，因而缺乏信心。幸好，她最终遇到了一位临床心理学家，能够帮助她摆脱固定型思维模式，意识到自己是有可能做出改变的。

① 海莫维茨K.，德韦克C. S.. 什么因素可预测孩子以固定型思维模式还是成长型思维模式看待智力？并非父母对智力的看法，而是父母对失败的看法. 心理科学，2016，27(6)：859－69.

金曼之所以缺乏信心，部分是由于父母对失败的看法。我们的信心在很大程度上取决于亲密关系。你可以随便问一下经历过“同胞争宠”的人，兄弟姐妹是怎样提升或打击他们的信心的。当然，父母也会在多个方面影响到我们的信心，包括他们对失败的看法。我们在下文中会回顾金曼的故事，了解她是怎样学会增强信心的。在下一章中，我们也会回到人际关系和信心的问题，包括与性别相关的方面。

自信地失败

信心可以来源于成功，也就是生活的“热手效应”。可是，最坚不可摧的信心来源于克服逆境，拥抱失败。勇于面对困难，克服困难，就可以提升你的信心。这种感觉可以增强掌控感，削弱固定型思维模式，让你明白自己的情绪和能力并非固定不变的。因此，你究竟能否从成功克服困难中获益，很关键的一点是你是怎样看待自己的，又是怎样看待失败的。

毕竟，信心是对未来的信念——你是否做得到某件事，你做了之后，又是否会发生积极的结果。或许你以为自我信念是凭空得来的，但其实很多时候是源于直觉。直觉是一头头脑简单的野兽，分不清兴奋和焦虑，也就是说，你可以积极利用这些感觉，给自己适当的“直觉感受”。

信心是生活中强大的燃料添加剂，而掌控感是重要的合作伙伴。如果我们觉得无法控制自己的生活，就会不那么快乐、不那么自信。成功也会让人更自信、更快乐。这包括社会阶层赋予我们的大大小小的成功，会映射到大脑深处的奖励系统神经网络之中。在奖励网络中，与多巴胺相关的原始系统为快乐、信心和控制提供支持。视乎家庭生活、工作乃至整个国家发生了什么事而定，这个系统会上下波动。

社会经济地位本来会对我们的快乐和信心产生压倒性的影响，但这并非不可逆转的命运。只要你与家人、朋友和社区建立紧密关系，并具有掌控感，就可以有力地抗衡社会经济地位的影响。我们的人际关系中，许多（或许大多数）都离不开权力和权力形成的支配地位（以及由此得来的信心）。从家庭、团队、社区到企业，人的地位等级无处不在。地位较高的人可能拥有更大的权力和控制力，信心会更强。

由于支配地位可以带来众多心理和物质优势，无论在哪里，只要有一群人，就会或多或少发生对支配地位的微妙争夺。每个家庭都有这样的争夺，竞争的起跑线一般也不一样。哥哥姐姐通常个子比较高大，至少在一段时间里也比较聪明，所以相对弟弟妹妹来说享有优势。比起女性，男性通常更为身强力壮，而且在许多文化中也享有更高的地位，由此享受到特权。信心犹如黄金，是宝贵的资源。人们也会像对待贵金属一样对待信心，去争抢、窃取、囤积，嫉妒别人的所有。

其中，最复杂、最残酷的莫过于两性之间的争夺。

The Confidence Saboteurs

Chapter 6

第六章

信心破坏者

路易丝32岁，生活一帆风顺。她就职于一家科技公司，步步高升，有亲密的朋友，对自己社交生活也很满意。她很爱自己的同居男友马克，两人已经交往了7年。她深信他很快就会求婚的。路易丝的公司制订了优渥的育产假政策，多年前，她是认真确认了这一点，才决定加入这家公司的。

然后，突然有一天，马克说他要搬出去了。

或许纯属巧合，但就在前一天，她又升职加薪了。马克是公务员，薪水几年没涨过，前途也一眼望到底。路易丝泪流满面地问他为什么要走，他没有说是因为她的工作。可是，她凭直觉认为这有一定关系。

许多（并非全部）男人都很难跟比自己更成功、赚更多钱的伴侣在一起。马克没说明白，也不够诚实，但戴夫·彼得斯（Dave Peters）就说了大实话。彼得斯49岁，是底特律人，接受了《MEL杂志》的采访。记者问他，妻子的职业生涯发展比他更好，他对此有何反应。彼得斯表示，妻子赚钱比你多不是好事[①]，因为这意味着她会有更大的权力，在两人的

① 麦克德莫特J.. 当男人的妻子或女友赚得比自己多，他们有何感受. Melmagazine.com，2018. [获取和访问路径：https://melmagazine.com/en-us/story/what-its-like-for-guys-whose-wives-or-girlfriends-earn-more-than-they-do] 引用日期：2020年9月1日.

关系中占上风。

研究结果也支持这个观点。巴斯大学（University of Bath）的乔安娜·瑟尔达（Joanna Syrda）研究了美国6000多个家庭的数据，探究丈夫的心理压力与相对妻子的收入之间有何关联。随着妻子的收入增加，丈夫的压力会减少。你或许会想，这一科学证据背离了世俗的看法。但值得注意的是，这是有限度的：妻子的收入占家庭收入的40%是一条分界线。一旦妻子的收入超过这个水平，每增加一个百分点，丈夫的沮丧程度都会加速上升。当妻子是家庭的唯一经济支柱时，丈夫的烦恼程度远高于妻子无收入时的水平。[①]

不过，事业心强的女性也可以在这项研究中找到一丝安慰。如果妻子在婚前收入较高，而且双方事先都清楚这种收入差距，那么丈夫就不会对妻子的高收入产生心理压力。或许这些夫妻并没有像来自底特律的戴夫·彼得斯一样，深陷于对支配地位的争夺。究其缘由，许多男人在内心深处需要在两性关系中占上风，一旦妻子赚钱比自己多，就会威胁到这个需要（我们在下文中会做进一步探讨）。值得注意的是，同样有许多男人没有这个需要。

美国国家经济研究局（US National Bureau for Economic Research）发现，一个女人的收入越高，她结婚的可能性就越低。他们找到了另一条分界线，这次是50%。一旦一个女人的收入占家庭收入比例看起来会过半，她结婚的可能性就会大幅下降。比起收入比不上丈夫的其他女性，赚钱更多的女性婚后不再工作的可能性更大。即使这些女性婚后继续工作，也很可能未能充分发挥潜力。平均而言，当妻子赚钱多于丈夫时，这段婚

① 瑟尔达J.. 配偶的相对收入和男性的心理困扰. 人格和社会心理学公报，2019，46（6）：976－92.

姻关系为夫妻两人带来的满意度会较低，更有可能以离婚收场。噢，还有一点，比起夫妻双方赚钱实力相当的家庭，赚钱更多的妻子经常会做更多家务，来弥补自己赚钱更多的事实。[①]

支配是对权力的争夺，而权力是控制他人欲望、需求或恐惧的能力。由于支配可以给人带来掌控感，这是信心的一大来源。许多男性要是未能在异性关系中处于支配地位，会觉得难以接受；也有些男性不介意这一点。2012年，面向27个国家或地区做的一项研究发现，当一个国家的性别歧视较为严重，女性权利被剥夺时，这个国家的男性对支配地位的需求往往会更强。[②]当伴侣有这样的需求时，在不平等的权力争夺之下，女性的信心总会成为牺牲品。

我要说的一个重点是（在下一章会更详细讨论）：论及信心，男性和女性的游戏规则是不一样的。比起男性，女性的自尊更多地取决于人际关系，包括与伴侣的关系。男性的自尊更多地取决于个人成就，凭借孤独的个人主义，他们能够远较女性更义无反顾地争夺支配地位。

进化心理学家认为，两性之间的行为差异有着深层次的生物学基础。睾酮素是支配涉及的一种重要激素，而男性体内的睾酮素水平可以达到女性的10倍。2019年，国际体育仲裁法庭（Court of Arbitration for Sport）裁定，由于性别发育异常、体内天然睾酮素含量过高的女性必须服用药物，降低体内的睾酮水平，才能参加400米至1英里的国际赛事。南非女性运动员卡斯特·塞门娅（Caster Semenya）的案件引发了这起

---

① 伯特伦M.，卡梅尼察E.，潘J.. 性别认同和家庭内部的相对收入. 经济学季刊（*Quarterly Journal of Economics*），2015，130（2）：571－614.

② 费希尔R.，汉克K.，西布莉C. G.. 社会支配倾向的文化和制度决定因素：对27个社会的跨文化元分析. 政治心理学（*Political Psychology*），2012，33（4）：437－67.

裁决。由此可见，运动员的睾酮水平对于称霸赛场是多么重要。[①]

睾酮水平高的人更具竞争性，这一点不仅限于体育运动。睾酮水平高，也会令人更加自信，[②]而女性的睾酮水平更高时，与其他女性争夺异性时会更具竞争性。[③]一批上海学生的父母参加了一场心算比赛，奖品是现金或为孩子购买教育类书籍的代金券。奖品是现金时，男性比女性更具竞争性。但奖品是为孩子购买教育类书籍的代金券时，女性比男性更具竞争性，表现更好。[④]这项结果符合有关性别差异的研究，我们在下一章会做进一步讨论。

女性也可以跟男性一样激烈竞争，但要视乎关系到什么。不过，多项研究显示，两性生理差异不会直接转化为攻击性和竞争性。例如，虽然在看到暴力形象或信号时，男性比女性更具攻击性，但在受到挑衅时，女性跟男性的攻击性不相上下。[⑤]

因此，处于支配地位的男性打击女性的信心，这种现象并不是生物学的必然。决定信心的主要不是生理差异，而是社会规范，例如“男人应该比女人赚更多钱”这种说法。这样的社会规范是在原始社会中进化而来的。原始社会与当今社会有天壤之别，当时，体形和力量都很重要。凭借这些早期的原始优势，男性积累了权力、财富、地位和信心。随着时间的推移，这些资产就像我们在第四章中讨论的复利一样，世世代代地成倍

① 伯克J.. 南非表示，卡斯特 · 塞门娅案件的裁决“践踏”运动员的“尊严”. 卫报，2019年5月3日.

② 艾森内格尔C.，库姆斯塔R.，内夫M.，格罗莫尔J.，海因里希斯M.. 睾酮和雄激素受体基因多态性与男性的信心和竞争性相关. 激素与行为（*Hormones and Behavior*），2017，92：93－102.

③ 哈恩A. C.，费希尔C. I.，科比K. D.，德布吕尼L. M.，琼斯B. C.. 对女性唾液睾酮和同性竞争的纵向分析. 心理神经内分泌学（*Psychoneuroendocrinology*），2016，64：117－22.

④ 卡萨尔A.，沃德法F.，张Y. J.. 为子女的利益竞争可消除竞争的性别差距. 美国国家科学院院刊，2016，113(19)：5201－5.

⑤ 贝当古B. A.，克纳亨C.. 人在接触到暴力信号时攻击性的元分析：性别差异和令人厌恶的挑衅的影响. 攻击行为（*Aggressive Behavior*），1997，23(6)：447－56.

增长。

随便问一个穿着高跟鞋的女人或者小个子男人，对方会告诉你，身高可能还是重要的。女性的身材确实比男性娇小，体力也相形见绌。而不管你喜不喜欢，觉得肤不肤浅，根据我们的社会规范，身高可能是常见的信心来源。平均而言，身材高大的男性更受人尊重，更有可能成为领导人，自信心可能更强，而且收入可能更高。①这也适用于身材高大的女性。鉴于平均而言，男性的身材比女性高大，在两性权力争夺中，这种原始的信心来源给了男性明显的优势。当然，有许多非常自信的女人对高跟鞋不屑一顾，也有男人用内增高鞋窃取优势。

在不少国家，大多数人类活动已经与身高和体力无关。可是，这些原始资产的早期优势依然存在于它们催生的社会规则和它们赋予男性的累积力量中。

选择船长

2008年6月7日，希拉里·克林顿（Hillary Clinton）宣布退出民主党总统提名的角逐，转而支持对手贝拉克·奥巴马（Barack Obama）。一周前，681名5岁至13岁、对美国政治知之甚少或一无所知的瑞士学生玩了一个电脑游戏，游戏主角从特洛伊启航前往伊萨卡。然后，他们要想象自己在实际生活中踏上冒险的征程。研究人员会给他们看两张脸，问道：“你会选择谁来做船长？”绝大部分孩子都选择了贝拉克·奥巴马来做船长，与提名结果一致。

这些瑞士小孩不只是对这样知名的面孔有这种神秘的能力。他们也能

① 贾奇T. A.，凯布尔D. M.. 身高对职场成功和收入的影响：对理论模型的初步测试. 应用心理学杂志，2004，89（3）：428－41.

够成功预测法国议会选举的赢家。单凭快速看一眼候选人的脸，他们就能够把最终胜选者选为船长，准确率高达71%。[①]

男孩和女孩在两个男人和一男一女（例如奥巴马和希拉里）之间选择获胜者时，准确率一样高。此外，成年人的行为跟孩子是一样的。在2004年美国国会选举之前，研究人员在电脑屏幕上让两名陌生政客的面孔闪现一秒，让参与者评价其中哪一位更有“能力”。单凭这一点点的信息，他们预测选举结果的准确率就达到了大约70%。这些获胜者的面孔到底有什么奥妙，居然让小孩和大人都能够有效预测胜选结果呢？

单凭一瞬间对一张面孔做判断，看起来有能力的就很有可能获选为领导人。这到底是怎样看出来的呢？由于其他人对你的看法会左右你的自信，我们要理解女性的信心，就特别要注意这种原始而又容易出错的心理启发法。研究结果对女性是不利的。

一般来说，人们在做评价时，往往会认为男性比女性更有能力、更自信，而且女性跟男性一样也有这样的偏见。[②]从相貌上看来更有能力的人更有可能当上首席执行官，收入也可能高得多。[③]值得注意的是，他们的表现并不比外表没那么有能力的人更强。[④]他们的外表凌驾于实际结果之上。这种现象在政客身上也能看到。[⑤]不幸的是，在几乎所有文化中，人

---

① 安东尼基斯J.，达尔加斯O.. 预测选举结果：小儿科！. 科学，2009，323（5918）：1183.

② 布罗弗曼I. K.，福格尔S. R.，布罗弗曼D. M.，克拉克森F. E.，罗森克兰茨P. S.. 性别角色刻板印象：当前评估. 社会问题杂志（*Journal of Social Issues*），1972，28（2）：59－78. 另见：斯彭斯J. T.，黑尔姆赖希R.，斯塔普J. 自我和同伴对性别角色特性的评价及其与自尊和男性气质和女性特质概念的关系. 人格与社会心理学杂志，1975，32（1）：29－39.

③ 格雷厄姆J. R.，哈维C. R.，普里M.. 公司内的选美比赛. 管理科学（*Management Science*），2017，63（9）：3044－56.

④ 斯托克J. I.，加雷特森H.，施普雷尔斯L. J.. 首席执行官的容貌：面部可预示选拔结果，但不能预示工作表现. 公共科学图书馆：综合，2016，11（7）：e0159950.

⑤ 怀亚特M.，西尔韦斯特J.. 选民选对了吗？政治精英领导力归因——实际能力特质理论的检验. 领导力季刊（*Leadership Quarterly*），2018，29（5）：609－21.

们在评估信心和能力时，都存在这种对男性有利的偏见。①

我们只花了一秒钟看脸，就选出了看起来有能力和自信的政客及首席执行官。这些肤浅的评估能够让人（尤其是男人）平步青云，却不能预测他们在工作中的实际表现。这就是这个世界的问题所在。我们迫切需要更好地了解这些面孔都有些什么奥妙，为什么会引起这样的反应。

普林斯顿大学（Princeton University）的研究人员开始为“有能力的面孔”揭开谜底。他们先是用电脑生成了许多张不同的面孔，让一批志愿者评价这些面孔的人看起来能力如何，又让另一批参与者评价这些面孔的吸引力如何。结果发现，一张脸越有吸引力，参与者评价的能力就越高。

然后，研究人员用电脑生成了一系列同样具有吸引力的面孔，区别只在于这些面孔的人看起来能力如何。在吸引力均等化之后，他们发现，参与者评价更有能力的面孔，也获得了更阳刚、更自信的评价。研究人员让参与者判断，不同能力水平的面孔究竟是男性还是女性。果然，一张面孔看起来越有能力，参与者就越有可能判断为男性。

由此判断，“有能力的面孔”看起来是自信、阳刚、具有吸引力的。那么，我们能否拿自己真实的照片修一下图，变得略为阳刚一点，增加别人认为我们有能力的概率呢？这种做法确实是可行的，至少男性可以这样做。当普林斯顿大学的研究人员把男性的面孔变得更阳刚时，参与者会认为他们更有能力。可是，当研究人员把女性的面孔变得更阳刚时，结果却适得其反。在一定程度上，要是把女性面孔变得更阳刚，确实可以让她们看起来更有能力。可是，一旦过了某一个临界点，把一张仍是女性的面孔

① 威廉姆斯J. E.，贝斯特D. L.. 测量性别刻板印象：多国研究（修订版）. 纽约：赛吉出版公司，1990.

变得过于阳刚反而会带来坏处，参与者对其能力的评价会急剧下降。[①]

难怪许多女性不愿意在组织、企业和政坛内争当领头羊。不仅男性认为她们的能力和信心一般不如男性，就连其他女性也这样认为。如果她们为了对抗这些观点，打扮得更阳刚（从而看起来更有信心、更有能力），一旦过了度，就会适得其反，让人对自己的能力评价下降。

确实，一个女人越有吸引力，看起来就越有能力。可是，在世人心目中（主要是潜意识之中），"阳刚—信心—能力"的联系是根深蒂固的，难以改变。因此，她的女性气质始终会产生影响。由于在世人心目中，信心和能力与男性气质密切相关，能力极强而又兼具女性气质的女性始终会遭受不公平对待，面临紧张的局面。一旦被视为过于阳刚，女性不仅吸引力会下降，而且别人对自己的能力评价也会下降，如此一来，女性就会遭受双重打击。这种威胁始终在她们头上盘旋。

有些女性不肯屈从于性别刻板印象，会努力抬高自己。男性抬高自己，会如鱼得水；但换做女性这样做，一方面可以从男性和女性那里得到能力强的评价，但另一方面又会被视为欠缺社会技能。自信的人往往会抬高自己。可是，当自信的女性抬高自己，在赢得有能力的评价的同时，却要付出不讨喜的代价。[②]同样，在类似的情境下，男性要是言行举止比较谦虚，就不符合性别刻板印象，能力被人看低。[③]

难怪那么多女性管理者会说自己像"冒充者"。她们要与男性争夺支

---

① 奥D.，巴克E. A.，托多罗夫A.. 看面孔而对能力形成的印象揭示出隐藏的性别偏见. 心理科学，2019，30（1）：65 - 79.

② 费伦J. E.，莫斯-拉库津C. A.，拉德曼L. A.. 有能力却备受冷落：雇用标准的转变反映出能干女性所遭受的反对. 女性心理季刊（*Psychology of Women Quarterly*），2008，32（4）：406 - 13.

③ 拉德曼L. A.，费伦J. E.. 在组织中不符合性别刻板印象的反弹效应. 组织行为研究（*Research in Organizational Behavior*），2008，28：61 - 79.

配地位，但不管是男性还是女性，见到她们的第一秒就已经在潜意识之中认定她们的能力不如男性。但如果她们自信地抬高自己，就不那么招人喜欢，不管是男性还是女性都会觉得她们欠缺社会技能。而抬高自己明明对男性来说是很管用的做法。

也许这是原因之一，女性在组织里经常“做老好人”，承担起不能为简历增色的职责，例如参加委员会。这种做法无意中会破坏她们晋升的机会。研究发现，女性一般更注重人际关系，没有男性那么自私自利、个人主义和爱抬高自己。[①]但或许，面对这个看脸评判能力的社会，面对一触即发的偏见，“做老好人”也是她们缓解压力的一种方式。

从“一秒钟效应”可见，这些态度是埋藏在大脑深处的，女性看待自己时，也必然同样会受到潜意识偏见的影响。在女孩大约6岁时，似乎发生了什么事情，固化了她们大脑中这些自我贬低的偏见。2017年，伊利诺伊大学的研究人员给一群5岁小孩讲了一个故事，故事主角是一个“非常、非常聪明”的人。然后，小孩必须在4个成年人（两男两女）之中猜测故事主角是谁。大多数女孩选的是其中一个女人，而大多数男孩选的是其中一个男人。

可是在6岁小孩身上做这个实验，发生了奇怪的变化。女孩的偏好变得跟男孩一样，大多数女孩开始把其中一个男人选为非常聪明的人。然后，研究人员叫她们在两个新游戏之间选择，其中一个游戏是给“非常、非常聪明”的孩子玩的，另一个游戏是给“非常、非常努力”的孩子玩的。那些在第一个实验中选择了男人的女孩，更少去选择给非常聪明的孩

① 巴布科克L.，雷卡尔德M. P.，威士兰L.，魏因加特L.. 接受和获得低晋升性任务请求的性别差异. 美国经济评论（*American Economic Review*），2017，107（3）：714－47.

子玩的新游戏。[①]

这些女孩到了6岁，就失去了童真天性，不再公正看待聪明才智，而产生了对女性的不公正看法。研究人员让这些6岁女孩选择“非常、非常善良”的人，她们选择一个女人的概率要高得多，而5岁女孩并没有这样的倾向。

由此可见，这些女孩年纪不大，就接触到旁人对女性的偏见。这些偏见深深植根于她们脑中，形成内外夹攻的强大力量，打击她们的信心。那么，事情还有挽救的余地吗？

刻板印象带来的强大阻力

2011年3月2日，新就任的爱尔兰议员玛丽·米切尔·奥康纳（Mary Mitchell O'Connor）开车离开停车场。她此前曾担任校长，能力出众，不久后将会晋升到部长级别。今天是她在政府中心度过的第一天。她心情亢奋，但还不熟悉停车场的布局，开着红色轿车，冲下了议会大厦前院几级浅浅的台阶。一群男摄影师在旁围观，见状乐不可支。[②]在这次小小的意外中，她金黄色的头发、明亮的唇彩和优雅的女性气质都变成遭人耻笑的话柄。旁观的男性幸灾乐祸，仿佛印证了世人长久以来的看法：女人的空间导航能力就是很差。

男性和女性在空间思维认知测试中的表现存在最大差异，这个事实助长了世人对女性能力的一般看法。玛丽·米切尔·奥康纳的遭遇传到远方

① 比安L.，莱斯莉S. J.，西姆皮安A.. 关于智力的性别刻板印象在早年出现，会影响儿童的兴趣. 科学，2017，355（6323）：389－91.

② 下议院议员开车冲下伦斯特府的台阶［视频］. 爱尔兰独立报（*Irish Independent*），2011年3月3日.［获取和访问路径：https://www.independent.ie/irish-news/video-td-drives-down-leinster-house-steps-26710125.html］引用日期：2020年9月1日.

的酒吧和更衣室，成为男人津津乐道的谈资，从表面上看来，也仿佛证明了这样的看法。

在一个空间思维测试中，你要看一圈物体（一辆车、一棵树和一朵花）的俯瞰图。圆圈中间有另一个图像，例如一只猫。看完之后，你会拿到一个空白的圆圈，需要在上面画一条线，标示出圆圈上一个物体（例如那棵树）相对中间那只猫所处的位置。这是一个经典的读图任务，不管你面朝哪个方向，都需要找到物体之间的相对位置。

2016年，加利福尼亚大学圣塔芭芭拉分校（University of California，Santa Barbara）的研究人员向参与者解释测试的内容，表示："视角采择能力可以看作空间能力的一个衡量指标。空间能力是一种认知能力，定义为理解物体在空间内的关系，能够在心里操纵物体，并给出正确的回答。男性在空间能力测试中往往得分较高。"测试结束后，研究人员发现，女性志愿者在这项任务中确实表现较差，最低分数甚至只有男性得分的一半。

但接下来，研究人员对测试做了微调。圆圈中间不再是一只猫，而是一个人头肩像的俯瞰图。他们也对测试做了另一番解释："视角采择能力可以看作同理心的一个衡量指标。同理心是一种社会能力，定义为能够设身处地以对方的立场去体会和理解对方的所见所感，并做出适当的回应。女性在同理心测试中往往得分较高。"

第二组男女做的视觉空间测试，跟第一组几乎一模一样，只不过中间的图案不是一只猫，而是一个人，而且研究人员对测试的解释不同。在这个类似的空间任务中，女性表现如何呢？她们的得分跟男性一样好，能力没有差别。

研究人员用另一个读图任务做了测试，得到同样的发现。在这个任务中，你要看一个城镇街道的俯瞰图，观察某一条路线，然后说出在每个拐弯处是左转还是右转。同样，只要研究人员不把任务说成抽象的空间测试，而说成与人的同理心相关的任务，男女表现差异就消失了。[①]

像玛丽·米切尔·奥康纳这样的女性很清楚，世人认定了她们在处理空间任务（例如读图、驾驶、工程等）时的表现比较平庸。毕竟从小到大，大家都是这样说的。因此，在需要用到空间思维的时候，例如考试或者在议会大厦停车场开车，在旁人的紧盯之下，她们就会变得更加焦虑。一个人心情焦虑的时候，清晰思考的难度会大大加大。此外，她们还需要消耗额外的心理能量，牵制大脑中这些负面的刻板印象，如此一来，就更难以专心致志地做好手头的任务。就这样，在这些所有人（包括她们自己）都认定她们做不好的任务中，她们的表现也就乏善可陈了。

这就是所谓的“刻板印象威胁”，会对女性“内外夹攻”，既会在她们大脑中吹风，又会在外部耀武扬威。所有女性都要面对它带来的强大阻力。要减少威胁，可以换个说法，把任务说成是女性应该擅长（实际上也擅长）的事情，例如同理心。[②]

更多男性会在《荣誉勋章》（*Medal of Honor*）等模拟战争游戏中拼个你死我活，而爱玩这种游戏的女性要少得多。在这个电子游戏中，你需要在多栋放置炸弹的3D楼房或其他灾难情境中，找到自己和敌人的位置，悄悄地靠近敌人，射死或重创敌人。我很少玩这样的游戏，每次存活时间只能以秒计，转眼间就会被人乱枪扫射，在屏幕上化为碎片。

这样的游戏可以锻炼大脑，让你更懂得怎样在心里绘制地图，看准自

---

① 塔兰皮M. R.，海达里N.，赫加蒂M.. 对视角采择能力的两种不同解释：空间能力的性别差异. 心理科学，2016，27（11）：1507－16.

② 吕克特L.，奈巴N.. 同理心的性别差异：大脑右半球扮演的角色. 脑与认知（*Brain and Cognition*），2008，67（2）：162－7.

己与其他玩家之间相对的空间位置。女性玩这些游戏远没有男性多，因此，也没有那么多机会去锻炼空间思维能力。我们的大脑是可塑的，也就是说，视乎我们用脑做什么事情而定，大脑会发生物理变化，而空间思维也不例外。①

因此，多伦多大学（University of Toronto）的研究人员决定先测试一组女性的空间思维能力，然后让她们花10小时去练习打游戏，在《荣誉勋章：血战太平洋》（*Medal of Honor：Pacific Assault*）的战场上厮杀。在练习前后，研究人员会测量志愿者的空间推理能力（世人普遍认为，女性的这项能力较差），与另外两组人对照：一组是玩非空间类电脑游戏的女性，一组是玩《荣誉勋章》的男性。他们发现，玩了游戏之后，男女表现的差异就消失了。女性经过练习，空间思维能力上升到男性的水平。②

只要在女性接受空间思维评估时提及性别，就会让她们表现更差。对女性能力的偏见和刻板印象犹如隐藏在心底深处的猛兽，只要提及性别，这些偏见和刻板印象就会在她们心头浮现。这种现象也适用于其他刻板印象，例如年龄和种族。刻板印象威胁会带来阻力，消耗心理资源，形成自证预言。

2005年，哈佛大学（Harvard University）校长劳伦斯·萨默斯（Lawrence Summers）声称，在顶尖大学的科学和工程学科，男教授人数远多于女教授，有基因方面的原因。此话一出，掀起了轩然大波。有感于这一争议，加拿大研究人员决定探究一下，如果一个人相信基因决定能

---

① 潘M. H.，贾丁J. R.，霍伊尔S.，查帕罗B. S.（编辑）. 检验性别在电子游戏使用、偏好和行为中的角色. 人因与工效学学会会议论文集（*Proceedings of the Human Factors and Ergonomics Society*），2012，56：1496 - 500.

② 芬J.，斯彭斯I.，普拉特J.. 玩动作类电子游戏可减少空间认知的性别差异. 心理科学，2007，18（10）：850 - 5.

力，会不会影响他/她的表现。

他们借鉴了美国研究生入学考试（GRE）的题型，让女性参与者做了两份数学测试，中间夹着一份阅读理解测试。研究人员瞒着参与者，把她们随机分配为4组。4组人在做完第一个测试之后，需要阅读4篇不同的文章。第一篇文章说，男性和女性的数学能力没有区别；第二篇文章提出了性别问题，而没有提到数学；第三篇文章说，基因决定了所谓的男女差异；第四篇文章说，男女差异是存在的，不过是由于经历不同所致。

接下来，女性参与者参加了第二次数学测试。这些文章的内容对测试结果产生了相当大的影响。第一组参与者看到的文章说不存在男女差异，平均分是15分；第二组参与者看到的文章只是提出了性别问题，平均分是7.5分。**性别刻板印象令女性的数学能力减半了。**那么，看到另外两篇文章（基因组和经历组）的女性表现如何呢？经历组在测试中拿到了17分的好成绩；而看到基因决定了女性数学更差的那一组，平均只拿到了6分。[①]

如果世人认定你所在的群体（性别、年龄、种族）在某方面能力较差，那么，只要你相信基因决定论，就会打击你做这件事的信心。信心低迷会导致表现低迷。在大多数国家，女性的数学能力跟男性一样强，可是，她们对自己数学能力的信心要弱得多。在性别更为不平等的国家（按入学招生、议会代表和研究职位方面的性别差异计），由于女性对自己的数学能力比较缺乏信心，两性在数学能力上的差异要大得多。[②]而在性别更为平等的社会，刻板印象对数学测试成绩的负面影响会比较小。

---

① 达-尼姆罗德I.，海因S. J.. 接触科学理论会影响女性的数学成绩. 科学，2006，314(5798)：435.

② 埃尔斯-奎斯特N. M.，海德J. S.，林M. C. 数学性别差异的跨国模式：元分析. 心理学公报，2010，136(1)：103 - 107.

我们在第五章中看到，有些人以固定型思维模式看待自己的能力，认为这是由基因或其他因素决定的，无法改变。还有些人相信，努力、机遇、经历和遗传共同塑造了我们做得到什么、做不到什么。平均而言，女孩的自信低于男孩。如果女孩以固定型思维模式看待自己的能力，认为这是由基因决定的，那么，与男孩之间的差距会大大增加。[①]而只要减少刻板印象带来的阻力，或者削弱刻板印象背后的基因决定论，即使在被认为女性较弱的领域，她们的表现也会有所提升，往往会与男性齐平。不过，尽管信心的差异可以减少，但只要社会不改变，就难以彻底消除。要做出改变，我们要大力推行教育和相关政策，逐渐消除这些既错误又有害的刻板印象。

没有什么比焦虑更能侵蚀一个人的信心了。这是因为焦虑会让我们满世界（并搜遍记忆）寻找构成威胁的坏事。这样一来，我们预计未来取得成功的难度会大大增加，也就更难怀有信心。比起男孩和成年男子，女孩和成年女子更容易焦虑。[②]为了解释这种现象，人们通常简单地归结为基因、生物学或激素：女人天生更焦虑；焦虑会打击信心；因此，女人的信心自然会较弱。

不过，这个理论在西方国家以外的地区遇到了一个问题：研究显示，（例如）日本女性和南非黑人女性并不比男性更焦虑。[③]由此看来，男女在焦虑方面的差异，似乎是文化刻板印象和歧视塑造出来的。在西方文化中，对女性的常见刻板印象包括谨小慎微、紧张兮兮、不够果断、爱做好

① 迪塞特Å.，梅兰E.，贝雷达比历克H. J.. 学生的自信：自尊、自我效能和内隐智力理论的年级和性别差异. 学习与个体差异，2014，35：1－8.

② 范戈尔德A.. 人格的性别差异：元分析. 心理学公报，1994，116（3）：429－56.

③ 科斯塔Jr. P. T.，泰拉恰诺A.，麦克雷R. R.. 跨文化人格特质的性别差异：令人意外的可靠发现. 人格与社会心理学杂志，2001，81（2）：322－331.

人。在社会的潜移默化中，女性向这种刻板印象靠拢，而这种行为与自信的行为是对立的，因此，会打击她们的自我信念。另一方面，世人对男性的刻板印象包括果敢自信、爱支配别人。男性向这种刻板印象靠拢，信心会增强，从而享有优势。

一起行动

2018年11月，民主党重掌美国众议院。其中，女性候选人的当选功不可没。女性参选人数从2016年的312人急升至2018年的592人。同期，表示有意从政的女性人数从920人上升至4.2万人。[①]而回顾2014年的一项研究，结果还是相当悲观的：在中学和大学，女性的从政意愿远低于男性。由此可见，情况在短短几年内得到了很大改观。

研究人员认为，两性的从政意愿之所以存在差距，一个重要原因在于女性比较少参加竞争性的活动，例如体育运动。社会更多地鼓励男孩和年轻男子去参加体育运动，因此，女性在竞争领域比较缺乏信心。[②]

那么，美国女性的从政信心和活动为何会激增呢？其中是有明显的政治原因的。但除此之外，还可能有其他因素，或许能帮助我们进一步了解女性的信心。首先，研究显示，女性的集体意识比男性更强。这不利于她们个人信心的发展，但或许有利于她们参与社会政治运动的集体信心。

那么，在2016年至2018年期间，在多项原因的激发之下，女性参与了政治运动，增强了集体信心。这种集体信心有许多好处，比起个人信心

---

① 周L.. 用12个图表解释女性在政坛破纪录的一年. 沃克斯（*Vox*），2018年11月6日. [获取和访问路径：https://www.vox.com/2018/11/6/18019234/women-record-breaking-midterms] 引用日期：2020年9月1日.

② 福克斯R. L.，劳利斯J. L.. 揭示政治抱负性别差距的源头. 美国政治科学评论（*American Political Science Review*），2014，108（3）：499－519.

有过之而无不及，2018年中期选举结果就是一个证明。

女性的从政信心之所以激增，另一个因素可能在于行动。2017年，华盛顿特区爆发了妇女大游行，吸引了近50万人参与。而在2016年至2018年间，类似的事件还有很多。2018年，布鲁金斯学会（Brookings Institution）智库发表报告称，在过去12个月里，年轻女性参与一项或多项政治活动的比例远远高于年轻男性。报告总结道："整个年轻女性群体参加政治活动的比例高于年轻男性，这在美国历史上或许是第一次。"①

我们会看到，有证据显示，计划采取行动会大大增强女性的信心，这种效果在女性身上远比在男性身上更为显著。

想一下你正在纠结"应不应该"做的一件事。或许是"我应该换一份工作吗""我应该搬家吗"，等等。花几分钟时间，仔细考虑每种做法的利弊。这样，你会进入"审慎思维模式"，正在权衡各个选项，还没有认定一个明确的做法。

现在想一下你打算在未来几个月内实现的、最重要的个人目标，例如"我打算搬家"。花几分钟时间去想一下这个目标。这样，你会进入"执行思维模式"。在这种思维模式下，你做出一个决定，知道自己要做什么，也朝着明确的目标前进。

在这两种思维模式下，你的感觉、想法和行为都很不一样。在审慎思维模式下，你会权衡利弊，在此过程中，心情和信心会起起伏伏。而在执行思维模式下，你想着怎样执行某个具体目标，心情会变好；心思集中在这个目标上，会忽视不相关的信息。你把注意力集中在实现目标上，对

① 高尔斯顿W. A.. 数据显示新一波女性政治行动主义运动可改变美国政坛的方向. 布鲁金斯学会，2018年1月10日. [获取和访问路径：https://www.brookings.edu/blog/fixgov/2018/01/10/a-new-wave-of-female-political-activism/] 引用日期：2020年8月15日.

实现目标会更有信心，感觉也会更加积极。

2014年，科隆大学（University of Cologne）的研究人员对志愿者进行诱导，让他们分别形成审慎思维模式或执行思维模式。接下来，志愿者需要参加一般知识测试。在审慎思维模式下，女性对自己测试得分的估计远远低于实际得分。与此同时，男性对自己测试得分的估计通常高于实际得分。可是，在执行思维模式下，女性信心不足的现象消失了——她们能够准确估计自己的得分，既不会信心不足，也不会过度自信。然而，在执行思维模式下，男性过度自信的现象更为严重。[①]

女性志愿者专心采取行动之后，信心不足的现象大幅减少。因此，只要确保女性的晋升通道畅通，能够掌握权力、承担责任、采取行动，就可以有效地增强她们的信心，并提升她们的表现。在信心方面，两性的游戏规则往往不一样，而问题在于，制订游戏规则的人（男人）可以赢得胜利。[②]在社会中，女性可能相对无权无势，这样的弱势地位和男性行为都会对她们的信心造成巨大影响。

这对信心方面的性别差异会产生什么影响呢？男性在竞争中可以乘风顺势，而女性却要与刻板印象、支配等级和偏见对抗。幸运的是，这一切并非不可避免，也不是无可挽回的。

---

① 许格尔斯查费尔S.，阿克特齐格A.. 自信的男性和理性的女性：一切取决于你的心智（思维模式）. 经济心理学期刊（*Journal of Economic Psychology*），2014，41（C）：31－44.

② 尼森－鲁恩兹A.，鲁恩兹S.. 性别很重要：共同基金行业的性别偏见. 管理科学，2019，65（7）：3001－25.

The Gender Gap

Chapter 7

第七章

信心的性别差距

第七章 | CHAPTER 7

1967年7月，剑桥大学天体物理学系一位年轻的研究生在仔细地研究一张张数据图表，她注意到一个奇怪的重复规律。她帮助博士生导师安东尼·休伊什（Anthony Hewish）及其同事马丁·赖尔（Martin Ryle）建造了一台射电望远镜，而这些信号正是由这台望远镜生成的。她把信号的事告诉休伊什。一开始，他并未予以重视，认为这只是无线电干扰。但她不断找到新的证据，说服他这是真的。在接下来几个月里，这三位科学家逐个排除了对这些信号的解释，最终得出结论：他们发现的有规律的射电脉冲，是新型天体"中子星"发出的，他们将其命名为"脉冲星"。

三人合著的论文在科学期刊《自然》（*Nature*）上发表，引起了巨大轰动。在这个男性主导的领域，这位24岁的年轻女性列为第二作者，引人注目。1974年，团队荣膺诺贝尔物理学奖。可是，乔斯林·贝尔·伯内尔（Jocelyn Bell Burnell）这位脉冲星的发现者，却被诺贝尔委员会排除在受奖人之外。这项极为不公平、不公正的决定，与当年普遍存在的性别歧视不无关系。属于她的荣誉足足"迟到"了40多年。2018年，贝尔·伯内尔获颁"基础物理学突破奖"（Breakthrough Prize in Fundamental Physics），获得300万美元奖金。

男性的歧视和支配给女性的信心带来了巨大挑战。她们的信心必然要与男性的信心有所不同。从贝尔·伯内尔的话中，我们可以看到其中一种差异。她表示，自己感觉像个“冒充者”：“这是很小、很小的信号，在我3英里的图表数据中大约只占十万分之一。我之所以会注意到，是因为我观察非常仔细、非常彻底，是因为我有冒充者综合征。”①那么，究竟什么是“冒充者综合征”呢？

冒充者综合征

花一两分钟时间想想看，你觉得以下这些陈述在多大程度上符合你的情况：

> **我之前以为自己做不了的任务，结果往往做得不错。**
>
> **我会尽可能避免接受别人的评估。**
>
> **我觉得大家可能会发现，我其实没有他们以为的那么能干。**
>
> **就算事情做得好，我也很难接受别人的赞美。**
>
> **其他人往往比我更能干、更聪明。**
>
> **我取得的成绩大多是靠运气。**

许多人都有跟贝尔·伯内尔一样的感觉，觉得自己没有别人想的那么能干。与之相对的，是我们在第二章和第三章探讨的“变形镜”现象和自我膨胀策略。在这些策略之下，人们往往会高估自己的能力，包括面对负面反馈，还是不肯下调自我评价。我们看到了，“变形镜”是信心的机制。

① 桑普尔I.. 发现脉冲星、错失诺贝尔奖的英国天体物理学家获得300万美元奖金. 卫报，2018年9月6日. [获取和访问路径：https://www.theguardian.com/science/2018/sep/06/jocelyn-bell-burnell-british-astrophysicist-overlooked-by-nobels-3m-award-pulsars] 引用日期：2020年9月1日.

你越是觉得以上说法符合你的情况，就越会觉得自己像个冒充者，充满了对自己真实能力的怀疑。[①]鉴于高估自己能力的现象有多么普遍，或许稍微低估自己的能力，更能让我们认清现实？可是，高估自己是信心的一部分，而信心可以帮助你取得良好表现，持之以恒，说服别人。所以，想要放弃这一点，没那么容易。

这就是一个非常重要的问题的核心所在。平均而言，女性的过度自信程度要低于男性。例如，总部位于伦敦的英国领导管理学会（Institute of Leadership and Management）在2011年做了一项调查，访问了英国各地3000位经理，问及他们会如何评价个人信心水平。50%的女性回答说，她们“很有自信，很少怀疑自己”或者“相当有自信，偶尔怀疑自己”。但相比之下，70%的男性选择了这两个选项之一。

至于“相当有自信，有时怀疑自己”这个回答，或许对大多数人来说是最准确、最合理的，41%的女性选择了这一项，而只有25%的男性选择了这一项。从这些发现可见，比起男性，女性可能信心不足。或许更切合实际的评估是，在这个纷繁复杂的世界上，男性过度自信了，不合理地高估了自己的能力。

研究人员要求康奈尔大学（Cornell University）的学生回答这样的问题：“我擅长科学吗？”满分10分，男性给自己打了7.6分，而女性给自己打了6.5分。过了一段时间，他们参加了客观的科学推理测试，女性的表现跟男性是一样的。客观的测试结束后，研究人员询问他们觉得自己得分情况如何。满分10分，女性平均给自己打了5.8分，而男性给自己打了

---

① 克兰斯P. R.，艾姆斯S. A.. 高成就女性的冒充者综合征：动态和治疗干预. 心理治疗：理论、研究和实践（*Psychotherapy: Theory, Research & Practice*），1978，15（3）：241－7.

7.1分。①

比起女性，男性倾向于过度推销自己。在英国对3000位经理做的调查中，受访者要回答这样一个问题：刚开始工作时，他们是否期望自己晋升到管理层或领导职位？35%的男性回答说，这完全符合他们的期望或希望。有多少女性这样回答？才23%。在成年人就业市场上，越是高级的职位，女性的比例就越低。与同等地位和能力的男性相比，她们与老板协商加薪时的期望和要求都低得多。②

那么，这一切的源头是哪里呢？

我们很容易假设说，在先进的发达国家，人们比较注重性别平等，为妇幼保健拨付的资源相对较多，信心方面的男女差异应该较小。但事情并没有这么简单。

研究人员调查了美国近1400名8岁至18岁的儿童和青少年，发现在8岁至14岁这个迈向成人期的阶段，美国女孩的自信水平下降了30%，而同龄男孩的自信水平并没有下降。③

研究人员调查了挪威2000多名11岁至13岁的学生，发现女孩的学业成绩比较好，但对自身学习能力的信心不如男孩，自尊水平也较低。自尊并非信心的保证，而这项研究显示，信心（而非自尊）是取得良好学业成绩的关键。然而，低自尊的人较难感到自信，因此，这方面的性别差异对女性的信心来说是息息相关的。

---

① 埃林格J.，邓宁D.. 长期的自我观点对绩效评估的影响（和潜在误导）. 人格与社会心理学杂志，2003，84（1）：5 - 17.

② 斯莫尔D. A.，盖尔芬德M.，巴布科克L.，格特曼H.. 谁上谈判桌？性别和框架对发起谈判的影响. 人格与社会心理学杂志，2007，93（4）：600 - 13.

③ 少女的信心不如少年，这影响到她们的未来. Ypulse网站，2018年4月12日. [获取和访问路径：https://www.ypulse.com/article/2018/04/12/teen-girls-are-less-confident-than-boys-its-affecting-their-futures/] 引用日期：2020年9月1日.

在一项样本数量庞大的研究中，研究人员调查了来自48个国家或地区的大约100万人，发现全球女性的自尊水平低于男性。[①]在英国、美国、加拿大、西班牙和挪威这些主张人人平等和个人主义的富裕国家，性别更为平等，青少年生育率较低，结婚年龄较晚，却正是在这些国家，青少年在自尊方面的性别差距较大。而在印度、印尼、泰国和菲律宾这些主张集体主义的贫穷发展中国家，性别更不平等，青少年生育率较高，结婚年龄较早，青少年在自尊方面的性别差距反而较小。

在主张个人主义、制订了性别平等措施的富裕国家，随着青少年步入成年，性别差距有所缩小，但并未完全消失。可是，在主张集体主义、并未制订性别平等措施的贫穷国家，性别差距有所加大。由此可见，当一个国家制订了致力减少女性歧视的政策，最终会对她们的自尊起到积极作用。那么，比起主张集体主义的贫穷国家，这些主张个人主义的富裕国家为什么会在青少年自尊方面，有更大的性别差距呢？

两性关于信心的游戏规则不同

乔斯林·贝尔·伯内尔获颁“基础物理学突破奖”，获得300万美元奖金。获奖后，她谈到自己感觉像冒充者，反应是这样的：“我是一个斗士，于是我决定，他们一天不把我赶出实验室，我都会全力以赴。等到他们把我赶出去那一天，我也不会有愧疚感。我知道自己已经竭尽全力了。”[②]

抱有这种心态的人，不太会追求个人的荣耀和成功，而是尽力不想让

---

① 布莱多恩W.，阿尔斯兰R. C.，德尼森J. J.，伦特弗洛P. J.，热博埃J. E.，波特J.，等. 自尊的年龄和性别差异：跨文化窗口. 人格与社会心理学杂志，2016，111（3）：396－410.

② 桑普尔I.. 发现脉冲星、错失诺贝尔奖的英国天体物理学家获得300万美元奖金. 卫报，2018年9月6日.［获取和访问路径：https://www.theguardian.com/science/2018/sep/06/jocelyn-bell-burnell-british-astrophysicist-overlooked-by-nobels-3m-award-pulsars］引用日期：2020年9月1日.

别人失望（想要避免愧疚感）。沿着这条线索，我们可以研究女性的经历与男性有何不同，为什么学习、运用和体验信心的方式与男性不一样。

以下有5个陈述，想一下每个陈述在多大程度上符合你的情况：

我喜欢在许多方面与众不同。

不管别人怎么想，我都倾向于去做自己喜欢做的事情。

我喜欢别人特意提及或赞美我。

不管跟谁在一起，我的行为举止差不多都是一样的。

我最关心的是照顾好自己，擅长做自己所做的事情。

现在来想一下，你在多大程度上同意以下5个陈述：

我往往比较尊重谦虚的人。

在我身上发生的事情，与别人的命运紧密相关。

比起我跟别人的关系，我的成就往往是次要的。

即使我更喜欢做些别的事情，也往往会迎合别人的愿望。

我的快乐在很大程度上取决于身边人的快乐。

哪一组陈述最符合你的情况？如果是第一组，你自我认知的思维模型是比较独立的，你把自己视为独立的个体。反之，如果第二组陈述比较符合你的情况，你对自己的看法就是和他人相依赖的，也就是“互依型自我构念”。[1]

① 辛格里斯T. M.. 独立型和互依型自我构念的测量. 人格和社会心理学公报，1994，20（5）：580 - 91.

我们可以把有独立倾向的人称为“个人主义者”。他们往往更注重表达、维护和抬高自己。他们寻求一种自己独一无二的感觉，花很多时间努力影响别人，而不是适应别人。他们以个人及其特质为中心来看待世界，例如把人分为英雄和坏人。在诠释别人的行为时，不太关注情境或人际关系。如果你问一个个人主义者，他怎样看待某个人的行为，他不太可能说出的一句话是：“这要看情况。”

个人主义者的“变形镜”更为扭曲，这或许是最突出、也是与信心最相关的一点。在“优越感错觉”的作用下（见第二章），我们往往会高估自己的能力和成功的概率，这种自我认知又会形成自证预言。在这过程中，大脑不对称更新有关自己的好消息和坏消息，从而建立和保护自我，增强信心。比起认同第二组陈述的人，个人主义者有更强烈的优越感错觉，会高估自己与他人相比的成功概率。

互依型的人更注重社会和谐、人际关系和社会职责。因此，他们更倾向于努力适应一个群体，而不是努力影响一个群体。他们没有那么想去做一个独一无二的人，而是更关心保持人际关系的良好和正常运作。他们没有那么喜欢夸耀自己的能力、成就和成功。[①]

个人主义者投入大量的心理能量得到自己想要的东西，主张自己的权利，为自己的目标而奋斗。比起互依型的人，个人主义者有更强烈的优越感错觉，因此，对自己的评估远高于客观水平，也就对成功的概率更为乐观。

由此，我们可以解开比起贫穷国家，富裕国家的女孩和男孩之间自尊差距更大这个谜题。平均而言，富裕的西方发达国家的人更多地采取个人

---

① 来山S.，尤斯库尔A. K.. 文化、心智和大脑：当前证据和未来方向. 心理学年鉴（*Annual Review of Psychology*），2011，62：419–49.

主义的独立型思维模式。

但问题是，在全球各地，成年女性和女孩的思维模式都没有男性那么个人主义。因此，富裕国家优选的思维模式与年轻女孩的实际情况之间出现了更大的错配。比起男孩，十几岁的女孩在自我认知中往往更关心人际关系，这是她们从小接受的教育。无论是男是女，这是大多数相对无权无势的人不得不采取的策略，因为无权无势的人对自己的生活控制更少，也就更加依赖其他人的行动。

在学校里，十几岁的女孩会接触到一大群年轻的男性“推销员”。这些男孩从小就学会了夸大自己的能力。这是一种自我驱动的自信。正如我们所见，自信可以让人变得更有说服力，表现得更好，取得某种类型的成功。男孩有更多的“信心燃料添加剂”，随着时间的推移，其效力成倍增强。男孩的自信高于平均水平，这不仅让他们更有可能在体育运动中取得成功，还能提高他们的自尊。

这对大多数女孩来说都是一个挑战。由于从小到大接受的教育，她们形成了不那么个人主义的思维模式，自尊更多地不是来源于个人成就，而是来源于与他人的联结，以及为身边的人取得成功而共同感受到的喜悦。家人和身边其他人的目标往往与女性的个人目标一样重要，而男性往往并非如此。[①]

但这种平均差异也意味着，男孩和女孩的信心并非站在同一条起跑线上。两性的游戏规则不一样。女孩看到男孩充满信心，能够更好地推销自己，说服别人，取得更好的表现。这些好处取决于个人主义的思维模式，主要关注的是取得个人成绩，抬升自我。

---

① 克罗斯S. E.，马德森L.. 自我的模型：自我构念和性别. 心理学公报，1997，122(1)：5－37.

由于怀着这样的观念，对于许多（但并非全部）男孩来说，人际关系是他们与他人比较、突出自己的机会，人际关系并非目的，而是达成目的的手段。而对于怀着集体主义思维模式的女孩来说，亲密的关系本身就是目的，可以塑造自尊。反之，对于个人主义者来说，独立的成就才是提升自尊的主要动力。

对个人主义思维模式和集体主义思维模式的研究显示，两性在信心方面的游戏规则是不一样的。在体育界，同样有证据支持这个观点。

我们在第二章中看到，在双方球员势均力敌的大型网球比赛中，在第一盘险胜的球员赢下整场比赛的概率较高。这就是“热手效应”。可是，2017年的一项研究发现，这种现象只适用于男性，而不适用于女性。①在男子比赛中，个人信心会极大地提升体育运动的表现，可是，在女子比赛中基本上不会起到什么作用。②

在学校课堂上也有类似的现象。比起女孩，男孩往往更喜欢夸耀自己的能力。女孩不太会像男孩一样，说出许多沾沾自喜的话。③与运动赛场上的情况一样，男孩越是说出许多充满自信、自卖自夸的话，在学校的表现往往就越好。但对于女孩来说，并不存在这样的关系。女孩往往不太爱说一些自鸣得意的话，而更倾向于赞美其他孩子的表现。④

综上所述，自信对女孩来说是一把双刃剑。女孩的思维模式更注重人

① 佩奇L.，科茨J.. 人类竞争中的胜利者和失败者效应：来自势均力敌的网球球员的证据. 进化与人类行为，2017，38（4）：530－5.

② 伍德曼T.，哈迪L.. 认知焦虑和自信对运动表现的相对影响：元分析. 体育科学杂志，2003，21（6）：443－57.

③ 麦科比E. E.，杰克林C. N.. 性别差异心理学（*The Psychology of Sex Differences*）. 加利福尼亚：斯坦福大学出版社，1974.

④ 麦科比E. E.，杰克林C. N.. 性别差异心理学（*The Psychology of Sex Differences*）. 加利福尼亚：斯坦福大学出版社，1974.

际关系，一旦她们夸耀自己，就会更加意识到这种做法在情绪上可能造成附带伤害，损及她们的人际关系和自尊。反之，男孩的思维模式更加独立，其自尊并不依赖人际关系，而是更多地取决于个人成就。因此，男孩会比较心安理得，不去理会炫耀自己的后果。

回到为什么在富裕国家，男孩和女孩的自尊差距更大的谜题，答案可能是这样的。我们知道西方文化培养个人主义的思维模式。男孩自信地抬高自己的做法，在这种文化中会如鱼得水；可是，女孩采取集体主义的思维模式，更加注重人际关系，在这种文化中就会处于不利的境地。女孩比男孩更重视人际关系的质量，人际关系的质量与个人成就一起，共同塑造了女孩的自尊。因此，要是女孩以自我膨胀的方式增强自信，并不会像男孩一样提升自尊，反而可能会威胁到她的自尊。

出于第二章列出的种种原因，抬高自己的能力确实能够在某些方面让你更加成功。可是，男孩和女孩的游戏规则基本上是不一样的。从定义上说，抬高自己的做法会威胁到女孩的自尊，一定会给女孩带来更大的压力。在一个个人主义当道的世界，本质上有利于爱抬高自己的男孩，女孩若想遵照男孩的规则参加竞争，几乎必然会面对更大的压力，自我评价会受到威胁。这也正是全球数据反映出来的情况。

大概由于富裕国家制订了更为完善的平等政策，随着年龄增长，男女在自尊方面的差距会变小。例如，产假和托儿服务都有助于缓和妇女所处的劣势地位，但绝对没有改变女性处于弱势的局面。更为棘手的是，两性在信心方面的游戏规则是不一样的。在竞争中，这种差异最为突出。

竞争意欲

巴黎HEC商学院是欧洲顶尖的商学院，为财富500强企业培养了不少首席执行官，输送人数仅次于哈佛大学。每一年，3400位满怀憧憬的申请人参加艰难的入学考试，科目包括数学、历史、地理、法语、两门外语、哲学、文化概况和时事，笔试完了还有面试。只有380个入学名额。

竞争十分激烈，最终入选的申请人中，46%是女性，54%是男性。[①]但与这3400位申请人参加另一项考试的成绩相比，这些数据有点奇怪。这里说的另一项考试，是拿破仑在1808年率先推出的法国高中毕业会考（Baccalaureate）。

在HEC商学院入学考试中，无论有多少人申请，入学名额都是固定的，因此，竞争无比激烈。决定你是否通过的并非考试的绝对分数，而是相对其他申请人的排名。反之，在法国高中毕业会考中，只要你达到分数要求，就能通过，也就能自动取得大学入学资格。由于在大多数学科中，入学名额并没有限制，这意味着参加法国高中毕业会考的学生并不是彼此之间竞争，而是自己与考试标准竞争。与之相反的是，在HEC商学院入学考试中，入学名额是固定的，所有申请人都要与彼此激烈竞争，争抢宝贵的名额。

我们看到，在通过HEC商学院入学考试的申请人中，男性所占比例比女性多出接近10%。而法国高中毕业会考的情况恰恰相反，HEC商学院女性申请人的法国高中毕业会考分数比男性申请人更高，高出差不多的百分比。那么，为什么女性在一个考试中表现比男性更好，却在另一个考试中表现更差呢？或许只是因为HEC商学院入学考试更严格、难度更高？看一下考入HEC商学院的学生大学一年级的期末考试成绩，就知道这个理由是站不住脚的。在大多数科目的期末考试中，还是女性表现优于

① 奥尔斯E.，帕洛米诺F.，佩拉凯E.. 表现的性别差距：竞争重要吗？. 劳动经济学杂志（*Journal of Labor Economics*），2013，31（3）：443－99.

男性，情况跟法国高中毕业会考的结果是一样的。那么，究竟是怎么一回事呢？

HEC商学院一年级的期末考试难是难，但只有不到1%的学生会不及格，考虑到入学考试有多难，这也不奇怪。也就是说，期末考试跟入学考试不一样，并不存在激烈的竞争。学校并没有规定某个固定比例的学生会不及格。跟法国高中毕业会考的情况一样，只要你达到及格分数线，就是通过了，而大多数学生都会及格的。那么，在HEC商学院一年级的期末考试中，跟法国高中毕业会考的情况一样，女性都不必跟其他人拼个你死我活。只有在竞争异常激烈的HEC商学院入学考试中，她们才必须跟人抢个头破血流，而正是在这样的考试中，女性表现欠佳。种种迹象显示，比起男性，竞争对女性构成了更大的挑战……至少在某些情况下是这样。

每年6月初，加利福尼亚州晴空万里，南部的圣塔芭芭拉分校会举办“加州路跑一英里”（State Street Mile）活动。这是一系列一英里路跑比赛，包括多项相对休闲的家庭（和其他）路跑活动。除此之外，还有一项“一英里精英公开赛”（Elite Open Mile），面向跑得更快的运动员，按性别分组，奖金高达5000 美元。赛会鼓励自认能够达到完赛时间标准的跑者报名参加精英公开赛，男子组和女子组的完赛时间标准分别约为4.5分钟和5.5分钟。

加利福尼亚大学圣塔芭芭拉分校的经济学家仔细分析了谁选择参加哪项比赛。他们惊讶地发现，在自认能够达到、实际上也达到了男子“一英里精英公开赛”完赛时间标准的年轻男性中，有88%报名参加了这场赛事。但在能够达到、实际上也达到了女子“一英里精英公开赛”完赛时间标准的女性中，只有64%选择与其他女性同场竞技。[①]

表面上看来，女性似乎缺乏竞争意欲。上文提及的康奈尔大学研究也有类似的发现。两性都参加了科学测试，而比起男性，女性参与者低估了自己的科学能力。这项研究还有另一个环节：所有参与者都有机会参加科学竞赛，获胜者会有奖金。71%的男性报名参加比赛，但只有49%的女性报名——而其实，她们在科学测试中的得分并不逊于男性。[②]

那么，是女性不喜欢竞争吗？从这项研究似乎可以得出这个结论。有些研究人员认为，这是由于女性不喜欢承担风险。但斯坦福大学的穆瑞尔·尼尔德蕾（Muriel Niederle）研究了背后的科学原理，得出结论：女性的风险规避意欲并不比男性更强。这并不是她们似乎避免竞争，或者在竞争情境（例如巴黎HEC商学院入学考试）中未能充分发挥实力的原因。她和同事丽萨·威士兰（Lise Vesterlund）发现，原因在于信心。[③]比起男性，女性对自己表现的信心不足，因此避免竞争。

女性往往采取集体主义的思维模式，更加关注“我们”；而男性往往采取个人主义的思维模式，更加关注“我”。因此，在信心之战中，两性的游戏规则是不一样的。在竞争中，这种差异会更为突出。如果某个朋友是你自我形象的一部分，你把这段友谊放在自尊的核心位置，你就更难产生不惜一切打败对方的强烈竞争欲望。你参加激烈个人竞争的意欲会降低，这不仅是由于缺乏信心，还是对打败别人的矛盾心态所致。

① 加勒特R. J.，温伯格C.，约翰逊N.. 加州路跑一英里：赛场上竞争厌恶的年龄和性别差异. 经济探索（*Economic Inquiry*），2013，51（1）：806－15.

② 埃林格J.，邓宁D.. 长期的自我观点对绩效评估的影响（和潜在误导）. 人格与社会心理学杂志，2003，84（1）：5－17.

③ 尼尔德蕾M.，威士兰L.. 性别和竞争. 经济学年鉴（*Annual Review of Economics*），2011，3（1）：601－30.

竞争意欲和信心是相互交织的。女性和男性的竞争意欲和信心之所以都不一样，其中一个原因可能在于两性的游戏规则不一样。但除此之外，至少还有一个因素，那就是我们在上一章提到的“信心破坏者”。

男性有意无意的态度也是女性信心的破坏者

在都柏林举办的BT年轻科学家大奖赛（BT Young Scientist Competition）中，1000名学生怀着紧张的心情，闹哄哄地齐聚一堂。两名15岁男孩开始做项目展示，急切地向我和其他评委描述他们的研究。他们是艾伦（Alan）和科马克（Cormac）。

“女孩和男孩一开始是一样的，但到了我们这个年龄，女孩一般对科学和工程不太感兴趣。我们想知道这是为什么。”艾伦说道。

于是，他们调查了至少376名5岁至7岁的儿童，并收集数据。其中包括要求参与者画出一幅工程师的画像，并给这人起一个名字，以便确定这人是男是女。一半的女孩画出的工程师是男人。男孩呢？只有4%的男孩画出的工程师是女人。

科马克得出了这样含蓄的结论：“女孩对男孩能力的看法，比男孩对女孩的看法更加积极。”

对于女性信心不足的问题，一般人提出的潜在解决方案通常是针对女孩和成年女性本人的。可是，艾伦和科马克发现，或许男性有意无意的态度才是真正的源头，应该由此下手解决问题。对此，无论是乔斯林·贝尔·伯内尔，还是我在剑桥大学的一位前同事，都不会感到诧异。这位女同事是在国际上享有盛名的知名学者，也是优秀的知识分子。她也很有威严。要是有人（比如我）占用了她在实验室的位置，或者给她惹了别的麻烦，被她发现，就得接受她的炮轰。

某一天的午餐研讨会过后，我吃惊地看到她鲜为人知的一面。学院的学术辩论向来十分激烈，嘉宾发言后，听众会毫不留情地挑毛病，双方唇枪舌剑。那一天，双方的争论比平时温和得多。会后，我跟她（姑且管她叫简妮吧）、会议主席和演讲嘉宾站在一起，三位都是女士。在我们学院的高级研究员中，女性占比极小，因此，这种情况是相当罕见的。

“要知道，在这些会上，我平时是不提问的。但今天有两位女士在台上，感觉很不一样。”简妮突然开口，平日好斗的盔甲下，流露出一丝我从未见过的脆弱，令我一时之间有些迷茫。她确实提问了，也有精彩的发言。印象中，她从未在公开会议上有过这样的表现。

然后，我恍然大悟。在男性主宰的环境下，男性竞争起来是很轻松的；但即使是身经百战的女性，竞争起来也艰难得多。这件轶事有科学证据支撑吗？要回答这个问题，我们不妨效仿艾伦和科马克，研究一下在儿童身上发生了什么事。

一群9岁至10岁的孩子参加40米赛跑。首先，他们要一个人尽力跑出最快的速度。接下来，他们要跟跑步速度相近的另一个孩子一起跑。那个孩子可以是同性，也可以是异性。当男孩跟男孩一起跑时，他们的跑步速度变快了。当女孩跟女孩一起跑时，她们的跑步速度变慢了一点。我们想知道，女孩跟男孩一起跑，会发生什么事？

芝加哥大学（University of Chicago）的经济学家发现，即使在没有竞争对手的第一次跑步中，男孩跑得比女孩慢，到下一次两人一起跑时，男孩比女孩跑得快的概率还是高达73%。如果男孩第一次跑得比女孩快一点，下一次跑得比女孩快的概率是83%。简言之，与女孩比赛时，男孩获胜的概率会上升。[①]

这跟体力无关。在一项研究中，研究人员让一群成年人在电脑上玩迷宫游戏，每解开一个迷宫都能拿到奖金。在这种条件下，女性解开迷宫的数量与男性大致相同。但接下来，研究人员把任务改为赢家通吃的比赛，参与者之中表现最好的可以拿到大奖，其他人空手而归。在这种条件下，男性的竞争精神发挥了作用，平均比女性多解开4个迷宫。

那么，我们是不是可以总结说，女性应付不了竞争呢？先别急于下结论。芝加哥大学的经济学家发现，当女性与其他女性竞争，她们表现会更好，这就像男性与其他男性竞争时，表现会更好一样。竞争的性别差距消失了。[②]我在剑桥大学的同事简妮也有类似的经历。在竞争激烈、女性只占极少数的学术环境中，她的信心受到打击，不那么踊跃地参加研讨会的讨论。而乔斯林·贝尔·伯内尔面对男性更明目张胆的破坏，居然还能坚持不懈，实在令人惊叹。

女性在社会上处于劣势，要面对刻板印象威胁、破坏，在竞争中遵守不同的游戏规则，这一切都让她们更难获取信心这一宝贵资源。那么，我们就要问了：一个人可以通过学习，变得更加自信吗？

---

① 葛尼奇U.，鲁斯蒂奇尼A.. 儿童的性别和竞争. 美国经济评论，2004，94（2）：377－81.

② 葛尼奇U.，尼尔德蕾M.，鲁斯蒂奇尼A.. 竞争环境中的表现：性别差异. 经济学季刊，2003，118（3）：1049－74.

Learning to Be Confident

Chapter 8

第八章

自信可以学会

好消息是，是的，信心可以学习。信心是一种信念，而信念是可以改变的。我们在上文中看到，信心是通往未来的心理桥梁。这样的未来通常是现实世界中看得见、摸得着的东西，例如锻炼了身体，掌握了技能，做了简报，打了电话，解决了问题。但如果你想要构筑的桥梁，是通往头脑之中的呢？我现在缺乏信心，但坚信日后会有信心的。这殊非易事，但并非不可能。

告别“自我设限”与“固定型思维模式”

我们在第五章中看到金曼的故事。在父母眼中，她总是比不上学业成绩优异的哥哥。这位年轻女士活泼迷人，聪明伶俐，可是对自己的能力和个人素质缺乏信心，这也损害了她的表现，给她整个青春期和青年时期蒙上阴影。金曼富有魅力，广受欢迎，但她自己并不是这么认为的。她会接受星期六晚上参加聚会的邀约，却会在最后一刻向焦虑屈服，不去赴约。上了大学，她念着一门课程，一遇到困难的材料，就会放弃。“我不擅长这个”会在她心里盘旋，她就不去上这门课了。接连几门课程都是这样，她也只好退学去找工作了。“做不到”是她对自己能力的默认信念。

她看到一家顶尖公司刊登广告，招收管理培训生，要求跟她的个人素质十分吻合，但她会想：“会有成千上万更符合条件的求职者往这家公司投简历，我就别投了，投了也白搭。”面对潜在机会，她总是想着“不会发生”。

金曼并没有患上身体疾病。是的，星期六晚上，约好的聚会不去参加，她会心情低落。是的，看着朋友在世界各地发展职业生涯、人际关系，探索人生的精彩旅程，而自己没有工作，枯坐在父母家里，她会感到焦虑。但她并没有患上通常意义上的“疾病”。金曼受困于自己头脑中的孤岛之上，只有一条桥可以出岛，可是，“做得到”和“会发生”桥跨都断裂了。

金曼的父亲安排女儿到朋友的公司面试。这是很不错的工作机会，岗位有晋升空间。金曼勉强答应了去，但坚决不让父母开车送她去，一定要自己去。她误了列车，迟到了半小时，面试也泡了汤。父母勃然大怒，而她泪盈盈地解释说，自己看错了列车时刻表。他们并未息怒，认定她是故意把面试搞砸的，这种想法伤透了她的心。金曼的父母可真冤枉她了。她的自我破坏并非有意为之，而是潜意识的。在金曼误了列车背后，是一种“自我设限”的心理机制。心智以此来逃避失败——“面试不可能成功的”——保护自尊免受失败的伤害。

金曼聪明伶俐，却是“低成就者”，换言之，她在学业或工作上的实际表现未能达到其能力所应达到的地步。路易斯维尔大学（University of Louisville）在2014年做了一项研究，参与者是顶尖大学的大学生里，同样有能力但实际表现欠佳的低成就者。结果证实，像金曼这样的人会采取“自我设限”策略来防范失败的风险。[①]根据过往学业成绩，研究人员告

---

① 斯奈德K. E.，马林J. L.，登特A. L.，林内布林克-加西亚L.. 传达什么信息很重要：对资赋优异和失败的内隐信念在学业自我设限中扮演的角色. 教育心理学杂志（*Journal of Educational Psychology*），2014，106（1）：230－41.

诉学生说他们资赋优异，然后要求他们阅读两篇文章之一。一半人看的文章说（并相信），资赋优异是“固定”不变的能力。与之相反，另一组人看的文章说（并相信），资赋优异程度会随着动机和努力而起伏。换言之，资赋优异是“可变”的能力。

建立了这两种不同的思维模式之后，学生必须去解决一些问题。其中一半人拿到的问题是有解决方案的，而另一半人拿到的问题是没有解决方案的（心理学家有时也会耍点小花招）。于是，在这些低成就者中，50%解决了问题，有了成功经历；而50%解决不了问题，有了不愉快的失败经历。这样一来，研究人员就把学生分为了4组：固定型思维模式/成功经历、固定型思维模式/失败经历、成长型思维模式/成功经历，以及成长型思维模式/失败经历。

接下来，学生要解决另一类问题。但在此之前，他们必须填妥一份检查清单，解释自己为什么可能未能做到最好。清单列出的理由包括考试焦虑、疲劳和生病等，这都是学生害怕失败而可能找的借口。果然，第一次经历了失败，并且相信自己的资赋优异程度固定不变的学生，找的借口比其他人要多得多。

研究人员还有一招。他们告诉学生说，把光线调亮，就可以提升智力表现，并向学生示范了怎样在解决问题之前，调节房间里的光线亮度（0是最亮的，10是漆黑一片）。平均而言，那些相信自己的能力固定不变，并且有过苦涩的失败经历的学生，在第二次测试中选择了更暗的光线。由于害怕失败，他们在潜意识之中为失败找好了借口。这样的“自我设限”就相当于金曼误了列车。

在世界各地，有许多像金曼这样有才能的学生自我设限，未能充分发挥在学业上的真正潜力。[①]金曼学会了在学校和大学里自我设限，考试之前不做准备，迟交作业，考试早退。她是为了保护自尊免受失败伤害。短期内，或许这种做法可以保护自我，可是如此反复，就会破坏她本来可以取得的成功。

金曼之所以会以固定型思维模式看待自己的能力、情绪和性格，是由于父母总是怀疑她的能力比不上哥哥。她每次没拿到A，没收到参加某个聚会的邀请，学习乐器又一次半途而废，父母就会产生不安。他们害怕她“失败”，而父母对她“失败”的畏惧，令金曼更加认定自己的能力是固定不变的。考试拿了低分，她不是更努力学习，不是向老师求助，而是在心理上回避进一步证明自己的大脑不完美的更多证据。她开始对自己的大多数事情产生怀疑，怀疑自己有没有哪件事是能够坚持下去的，有没有新东西是能够学会的，甚至会不会有人喜欢自己。金曼学会了在心理上逃避“失败”，也就阻碍了个人潜力的发展。

许多人的生活条件比金曼艰难得多，很容易陷入固定型思维模式，让低成就成为自证预言。世人普遍把智商（IQ）看作衡量一个人大脑素质的可靠指标，可以在很大程度上预测孩子在学校和大学的表现。用智商衡量一个孩子，也就是以固定型思维模式看待这个孩子的能力，而这种观点左右了决策者的想法，包括英国政客鲍里斯·约翰逊。

宾夕法尼亚大学（University of Pennsylvania）在2011年做了一项研究，招募了2000多人参加智商测试。研究发现，只要规定高分者给予金钱奖励，就可以把参与者的平均得分提高10个IQ点。研究还发现，在

① 施温格尔M.，威特万L.，莱默G.，斯坦恩迈尔R.. 学业自我设限和成就：元分析. 教育心理学杂志，2014，106（3）：744－61.

智商较低的人群中，IQ点提高幅度更大。[①]如果在回答正确就可以拿到钱的情况下，一个人的智商就能提高超过10个IQ点，那么，以智商衡量一个人的大脑素质，显然是很不完善的。鲍里斯·约翰逊以固定型思维模式看待智商的做法，也是不妥当的。

我们可以学会自信，但这里面有一个重要前提：**我们必须相信可以发生改变**。如果我们觉得自己的思维素质是固定不变的，就不会努力做出改变。那么，我们可以改变自己的思维模式吗？世界领先的科学期刊《自然》在2019年发表的一篇精彩论文显示，绝对可以。

来自美国多所顶尖大学的研究人员从美国65所公立学校招募了12490名14岁至15岁的学生，把他们分为两组。一组学生听了一个网络讲座，了解到一个人的才智并非固定不变，而是可以改变的。一个人只要付出努力，学习新策略，向其他人求助，就可以提升自己的才智。另一组学生听了另一个类似的讲座，其中演讲嘉宾解释了大脑，但并没有具体谈到固定型思维模式和成长型思维模式。然后，研究人员把两个讲座的效果相比较。平均而言，听了"成长型思维模式"讲座学生的考试成绩远远高于另一组，在下一年报读进阶数学课程的人也多得多。[②]

只要简单地向学生解释说，大脑就像肌肉，越练越强，就足以让数以千计的学生增强信心。原来成绩不太好的学生进步尤为明显，学业成绩有所提高，学习意欲也有所增强。

金曼可以学会自信，但她必须摒弃这样一个有害假设：她的情绪和才智是固定不变的、不受自己控制的。首先，必须有人告诉她这样的假设

① 达克沃思A. L.，奎因P. D.，莱纳姆D. R.，勒贝尔R.，斯托塔梅拉-勒贝尔M.. 测试动机在智力测试中的角色. 美国国家科学院院刊，2011，108（19）：7716－20.

② 耶格尔D. S.，昂塞尔曼P.，沃尔顿G. M.，默里J. S.，克罗斯诺R.，马勒C.，等. 全国性实验显示成长型思维模式有助于提高成绩. 自然，2019，573（7774）：364－9.

是错误的；其次，她必须相信这人的话。可是，接下来又怎么样呢？

踏出第一步才有路

13世纪的波斯诗人鲁米（Rumi）说过："踏出第一步，接下来的路自然就会出现。"这体现了增强信心的另一种重要方式，也就是我们在第二章中第一次提到的"采取行动"。

你要是缺乏信心，就容易感到焦虑，而焦虑又会打击你的自我信念——这是一个"先有鸡还是先有蛋"的经典问题。研究人员调查了来自19个不同国家或地区的3000多名学生，发现一般来说，一个人越是焦虑，在生活中做事就越少。[①]想想看，这个事实并不令人意外。一个人感到焦虑，是由于感觉受到威胁；受到威胁，就会退缩，减少接触这个危险的世界。因此，金曼会在最后一刻取消与朋友的聚会，瑜伽班报了名却不去上课，找工作半途而废。最后，比起她更自信、不那么焦虑的朋友，金曼做的事情会少得多。

你做的事情越少，就越少有机会获取新的体验，来一场意外邂逅，或者在成功应对挑战之后得到一种满足感。我们在上文中看到，一个人有信心，大脑奖励网络的活动会不断激增，带来一阵阵快感。你每次成功实现一个小目标，就会产生快感，相当于注入了一小剂天然的抗焦虑药。

前Facebook首席运营官谢丽尔·桑德伯格（Sheryl Sandberg）表示，信心就像肌肉，你可以学会使用。你每次逼迫自己去做以前不敢做的事（例如在会议上发言），这块肌肉就会变得更强壮。[②]我们在第一章中

① 爱尔兰M. E.，赫普勒J.，李H.，阿尔瓦拉辛D.. 19个国家受访者的神经质和对行动的态度，2015，83(3)：243－50.

② 瓦尔拉芬斯S. 谢丽尔·桑德伯格和硅谷女性为增强信心做的5个练习. 福布斯，2016年9月6日.

看到，这是有科学依据的。克服艰难的挑战是信心的最佳来源之一。

我们已经看到大脑是怎样储存身体感受的记忆。每当我们做到了以前不敢做的事，身体记忆就会储存积极的直觉感受，帮助我们应对下一个挑战。咬紧牙关，克服恐惧，没有什么比这更能增强信心的了。这件事听起来简单，只要逼自己一下，去做自己以前不敢做的事就好了。只要采取行动，就能增强信心。但问题是，一个人在焦虑的时候，可能会觉得举步维艰。幸好研究人员找到了一些办法，可以让这件事变得容易一点。

"借助行动来产生新的感觉，要比借助感觉来做出新的行动容易一些"

精神病学家哈里·斯塔克·沙利文（Harry Stack Sullivan）说的这句话，体现了"踏出第一步"（借用诗人鲁米的话）的力量。一旦我们踏上新的征程，不仅外部的道路自然就会出现，内心的情绪通道也豁然开朗。我们踏出那第一步，往往会产生意想不到的情绪。

我们来重申一下。信心是我们为未来的自己押注，以此构筑通往未来的桥梁。美国伟大的教育家约翰·杜威（John Dewey）进一步阐述了这个观点。他表示："自我不是现成的，而是通过选择行动而不断形成的。"①信心不仅会让我们踏入外部世界全新的未来状态，还会让我们的内心世界进入全新的未来状态。这是自我的一个版本，由我们采取的行动和做出的选择塑造而成。因此，我们更加需要明白怎样采取行动，为增强信心奠定重要基石。

---

① 杜威J.. 民主主义与教育：教育哲学导论. 纽约：麦克米伦出版社，1923.

别再权衡，采取行动

很多时候，金曼都在沉思和怀疑。她会为自己当晚、下个月甚至明年要不要做某件事而忧心忡忡，为别人怎样看待自己而痛苦纠结。她后悔自己约了人又取消会面，上学期间逃课，看到工作机会却没有投简历，做事半途而废。她脑中充满了自己可能做些什么的设想和幻想，但每当一个设想在她心中清晰地浮现，恐惧和怀疑就会像一大群苍蝇一样蜂拥而来，淹没了希望。每当她产生了一点点信心，这群苍蝇就会使之消失无踪。

我在第六章介绍过，女性只要从审慎思维模式（仔细思考，选择要做什么）转入执行思维模式（已经为具体行动制订计划），信心就会增强。维也纳大学（University of Vienna）在2014年发表了一项研究，为这项发现带来了新的启示。研究人员把志愿者分为两组，让一组志愿者认真思考还没有做出的个人决定，权衡各个选项，以此诱导他们进入审慎思维模式；又让另一组志愿者为已经决定要做的一个项目命名，并计划怎样去做，以此诱导他们进入执行思维模式。①

接下来，研究人员让参与者看图，研究他们的眼球运动。每幅图中央都是一个物体，例如一艘船、一只动物或一架飞机，后面都是复杂的背景。果然，进入审慎思维模式的参与者视野比较“开阔、开放”，会注意到更多的背景细节。而进入执行思维模式的参与者视野比较狭窄，注意力集中在中央的物体，而没太留意到背景。

知道自己的目标是什么，会让你的注意力收窄，这样有利有弊。好处

① 比特纳O. B.，维贝尔F.，舒尔茨A. M.，巴耶尔U. C.，弗洛拉克A.，戈尔维策P. M.. 视觉注意力和目标追求：审慎思维模式和执行思维模式会影响注意力广度. 人格和社会心理学公报，2014，40（10）：1248 - 59.

在于，你不必为选择哪种做法而痛苦纠结，能够清晰地感觉到自己在朝着一个目标前进，或许最重要的是，避免分心去想“如果……又会怎样”或担心其他问题。弊端在于，你的注意力收窄了，就可能错过其他机会，忽略了风险或相关信息。你目不转睛地盯着图中央的物体，不去留意背景上的有趣物体；而要是你注意到背景，或许会选择走另一条路，别有一番景致。

审慎思维模式会让你的思维更加开放。你固然可以享受到其中的好处，但也要付出相应的代价。这是因为在这种思维模式下，你会意识到对未来的消极想法和对过去的记忆。因此，审慎思维模式让人更加谨慎，更现实地评估自己的能力和前景，也就没那么自信了。

很多时候，金曼都处于审慎思维模式，这使她心情沮丧，信心减弱。即使她已经开始做一件事了，已经进入了执行思维模式，却还是会返回审慎思维模式。她会翻来覆去地纠结“应不应该”继续做这件事。回到这种开放的思维模式之后，她的信心会崩溃，会放弃行动、人际关系、课程或申请流程。她变得愈发焦虑，这又让她更难以清晰思考、采取果断行动。

我们知道，女性进入行动取向的执行思维模式之后，信心不足的现象会有所改善。金曼的心理医生利用这个事实，让金曼从一个人痛苦纠结、举棋不定的状态中走出来，诱导她制订计划，在心中和纸上列出实现某个目标所要采取的一系列行动。首先，金曼把注意力集中到找工作的目标上。她写下了求职的每一个小步骤，从早上几点起床开始，穿上职业装，打该打的电话，等等。

金曼执行这个计划时，她的心理医生会随时留意她的情况。一旦她出现陷入审慎思维模式的迹象，心理医生就会诱导她回到执行思维模式，然后让她把这个行动取向的“执行计划”方法应用到生活的其他领域，包括社交生活、教育进修和休闲活动。金曼逐步采取行动，势头良好，由此产生了成就感，也就慢慢地增强了信心。成就日积月累，像雪球一样越滚越大，金曼重新发现了自己在生活方方面面本来就有的潜力。

可是，制订了计划，也不代表你一定会做。金曼就发现了这一点，并为此付出了代价。朋友想到有一份工作可能适合她，约了她见面。可是到了约定的那天早上，约好见面的时间快到了，金曼又掉进了审慎思维模式，深陷于反刍思维，变得灰心丧气。她不停地想着自己做什么也坚持不下去，或许回去上大学会比较好。心情焦虑之下，一切好像都那么悲观绝望。或许她待在家里比较好。于是，她给朋友发了条熟悉的短信："抱歉，今天早上感觉糟透了，不能赴约。抱歉。"只要往前踏出一步，她就可以增强信心；可是，她这种退缩的做法，会进一步打击自己的信心。遇到这样的问题，还有救吗？

研究发现，在最好的情况下，一个人的意图转化为具体行为的概率只有20%～30%。也就是说，大多数人在大多数时候都没有采取行动，也就享受不了增强信心的裨益。[①]金曼确实是这样的。她前一天晚上上床睡觉时，还打算第二天起来去见朋友，但到了最后一刻，她还是没有去赴约。

后来，她遵循了心理医生的建议，随后约见朋友的时候，改用了另一种做法。她与心理医生一起，计划好见面的时间、地点和方法。在这些具体细节之外，她还会为某件事发生或没发生，制订好"如果……那么……"的计划。

金曼计划好起床的确切时间，计划好到时要穿什么衣服，把衣服拿出

① 戈尔维策P. M.. 专注于行动：为实现目标而奋斗，为此事先制订计划 // 斯科特R.，科斯林S.（编辑）. 社会和行为科学的新兴趋势（*Emerging Trends in the Social and Behavioral Sciences*）. 纽约：威利出版社，2015：1－14.

来放好。这样一来，她到时就不必去思考了。想法越多，她就越有可能掉进审慎思维模式，陷入反刍思维，丧失信心。金曼不仅计划好要坐列车去见朋友，还浏览了列车时刻表，确定自己要坐哪一趟列车。她事先查看从车站到朋友办公室的路线，储存在手机里，降低最后一刻打退堂鼓的可能性。

如果列车晚点或取消了，她还有足够的时间坐下一趟列车，也可以打电话叫出租车——她已经在手机里存好了叫出租车的号码。如果她早上醒过来，心情沮丧，产生了自我怀疑，对计划感到焦虑，那么她就会花10分钟时间，听手机上的放松应用APP。她会练习缓慢呼吸，平复焦虑。如果金曼分心了，她就会拿出书面计划，全神贯注地去看。她会告诉自己，现在不是仔细考虑做什么的时候，而是去做的时候。

几百项研究发现，在生活的许多不同领域，只要像这样计划好执行思维模式的细节，就可以加强意图与行动之间的联系。举几个例子，想要锻炼身体[①]、戒烟[②]或饮食更健康[③]，都可以采取这种做法。这也能帮助你克服焦虑，应对许多其他心理健康问题[④]。

金曼跟朋友见面了。工作没拿下来，可是她执行了计划，信心略有提升。这也意味着她能够制订其他计划。这些计划都详细列出了“如果……那么……”的方案。最终，她找到了一份心仪的新工作。接下来，

---

① 贝朗热-格拉韦尔A.，戈丹G.，阿米罗S.. 执行意图对身体活动影响的元分析评论. 健康心理学评论（*Health Psychology Review*），2013，7（1）：23－54.

② 米泰E. R.，厄廷根G.，戈尔维策P. M.. 通过怀有执行意图的心理比对改变干预吸烟行为的线上随机对照试验. 心理学与健康（*Psychology & Health*），2020，35（3）：318－45.

③ 奥图尔S.，牛顿T.，莫阿泽R.，哈桑A.，巴特利特D.. 研究实施计划对饮食相关行为影响的临床随机对照试验. 科学报告（*Scientific Reports*），2018，8（1）：1－6.

④ 托利A.，韦布T. L.，哈迪G. E.. 形成执行意图是否会帮助心理健康出现问题的人士实现目标？带临床和模拟样本的实验研究的元分析. 英国临床心理学杂志（*British Journal of Clinical Psychology*），2016，55（1）：69－90.

她在社交和休闲生活中运用同一个策略。“做事”可以增强她的信心，增强她“做得到”和“会发生”的信念。就这样，她实现了许多人生目标。她摆脱了固定型思维模式，也就挣脱了多年来束缚自己的枷锁。

利用幻想的力量

金曼终于打破了心理牢笼，必须决定自己的人生该往哪个方向走了。执行具体计划是好事，不过，如果这些计划不能让你实现自己想要的目标，作用也只是有限的。金曼对自己的工作、人际关系和生活都变得更有信心。但有时候，她还是会有困惑。她幻想过上另一种生活，成为摇滚明星、环游世界或上医学院，想得天马行空。

这种白日梦的问题在于，它会令你实现幻想的可能性下降。例如，上减肥课的人可以分为两种，一种会幻想自己毫不费力地变瘦，另一种会设想艰难的现实和诱惑，而前者长胖的概率比后者更大。现实主义者会坚定自己做得到的信心，减肥成功的可能性更大。同样地，研究人员接下来研究做髋关节置换手术的患者。结果发现，比起那些专注于术后怎样才能康复的人，那些花时间幻想手术结果的人疗效更差。

幻想就像信心的“会发生”部分与“做得到”的严密计划脱节了。金曼心里做着环游世界或成为成功医生的白日梦，以此得到安慰，而绕过了实现这些计划需要采取的复杂艰难的行动。于是，金曼的大脑上当了，以为这些目标已经实现，至少是在幻想中实现，也就不必为此而奋斗。

那么，我们是不是应该给金曼泼冷水，阻止她幻想生活的各种选择呢？纽约大学首席研究人员加布里埃尔·厄廷根（Gabriele Oettingen）发现，也不是这样的。她设计出利用幻想的新策略，称之为“心理比对”

(mental contrasting)。①

这种方法的奥秘在于，在心中把幻想和当下现实联系起来，让自己充满力量和动力，去选择哪些幻想是切实可行的，哪些幻想应该抛开。金曼以环游世界的幻想为例，写出这样做的主要好处，用心智之眼设想这些裨益。接下来，她必须专注于当下妨碍她实现这个梦想的障碍——金钱、对职业生涯的影响、父母反对——也必须设想这些障碍。

金曼对每个幻想的未来都做了这个相当费力的心理练习，在心里把幻想和现实联系起来，最终舍弃了上医学院和其他几个幻想。不过，她由此制订了一份计划，想要找一份有出差机会的工作，或许常驻海外。就这样，金曼修改了环游世界的想法，提出了会让自己感到振奋和充满动力的明确目标。现在，她可以进入执行思维模式，制订好"如果……那么……"的计划，在现实中执行梦想。最后，她加入了一家全球科技公司，并移居纽约，在公司的纽约办公室驻扎了两年。

那么，这个过程在她的大脑中是如何运作的呢？当然不只是"积极思维的力量"。实际上恰恰相反。要说明这一点，我们来考虑一下在什么情况下，金曼做到上述事情的可能性会下降。厄廷根发现，你要是一味沉迷于对未来的积极幻想，而不与现实比对，反而会降低你实现目标的可能性。另外，你要是颠倒心理比对的次序，实现目标的可能性也会下降。厄廷根研究发现，金曼要是先去想会遇到哪些障碍，再去想会有哪些好处，就不会充满动力地实现目标。

因此，心理比对并非一般的"积极思维"方法。相反，要是选错了"积极思维"方法，例如无视障碍、一味沉迷于幻想，或者颠倒过来（先

---

① 厄廷根G.. 未来的想法和行为改变. 欧洲社会心理学评论（*European Review of Social Psychology*），2012，23（1）：1－63.

想障碍，再去幻想），都会适得其反。在金曼心目中，幻想与现实联系起来，帮助她制订了切实可行的目标，她可以充满信心地为之奋斗。也就是说，幻想不再与现实割裂（通常情况下，幻想会远离现实），而是在金曼的大脑中发挥作用，让她感到振奋和充满动力。很重要的一点是，她还会认识到当下现实中存在的障碍。

这就是信心发挥作用的地方。金曼考虑上医学院时，想到了妨碍她实现这个目标的许多障碍。她意识到自己没有信心做得到，一是没有钱，二是学业成绩达不到要求。于是，她不再浪费许多个小时、许多天来幻想做医生（她之前已经幻想了好几年），而是认定这个目标是不可能实现的，还是舍弃为妙。做了这个心理练习，她就可以专注于环游世界的幻想。她采用心理比对策略，心里先是浮现出一些美妙的画面，如印度的大象和泰国的海滩，再浮现出一些灰暗的画面，如银行账户余额、职业生涯和家庭限制等障碍。

幸好金曼遵循了心理医生的建议，在职场上和社交生活中都变得更加自信。因此，她能够找到克服障碍、实现旅游幻想的途径。她在心里把严峻的现实与幻想的未来结合起来，调整梦想，提出切实可行的目标。就这样，她进入了执行思维模式，信心也增强了。

幻想本身会制造出目标已经实现的假象，使人丧失活力。而心理比对可以给人注入活力和动力。一个人在做心理比对的时候，脉搏和血压会略微上升，为采取行动、实现目标做好准备。反之，要是一个人不做心理比对，只是一味沉迷于幻想，血压会下降，整个人会失去活力。幻想本身会欺骗大脑，让大脑以为目标已经实现。①

在心理比对的过程中，金曼的大脑发生了变化。2011年，康斯坦茨大学（University of Konstanz）的研究人员使用脑磁图（MEG）技术观察，发现比起纯粹的幻想，心理比对可以提升关键脑区的活动。这些脑区主要负责形成意图、提取记忆、同时处理多项想法和记忆，以及视觉表象。

想到自己的未来，金曼不仅心跳加快，大脑活动也更加活跃。在这过程中，大脑会制订计划，从记忆中提取过往经验，同时栩栩如生地设想未来的场景。

应对人际关系这一信心破坏者

金曼的信心或许增强了，但还面对着挑战，其中之一就是她的性别。我们在上文中看到，人们对女性能做什么、不能做什么有一些刻板印象，这普遍损害了女性的表现和信心。金曼没有长期伴侣，但有一个哥哥，他（大概在不知不觉中）严重破坏了她的信心。

他告诫金曼不要离家到其他城市闯荡，还以为自己在保护她。他觉得她感情脆弱，像父母一样，认定她容易失败。金曼之所以以固定型思维模式看待自己的能力和情绪，很大程度上是因为家人对失败持消极态度，多年来构成了沉甸甸的心理障碍，给她造成负担。

金曼和哥哥感情深厚，可是，他在潜意识之中需要她保持弱小脆弱，这使得他们的关系纽带变得更加复杂。她的失败衬托出他的成功，让他更

---

① 卡佩斯A.，辛格曼H.，厄廷根G.. 心理比对把现实障碍与工具性行为联系起来，有助于追求目标. 实验社会心理学杂志，2012，48（4）：811－8. 另见：戈尔维策P. M.，厄廷根G. 制订计划有助于为实现目标而奋斗 // 福斯K. D.，鲍迈斯特R. F.（编辑）. 自我调节手册：研究、理论和应用（*Handbook of Self-regulation: Research, theory, and applications*）. 纽约：吉尔福德出版社，2011：162－85.

有安全感。在父母的影响下他也害怕失败。他把对失败的恐惧投射到妹妹身上，借以减轻内心焦虑。这段关系纽带并不能帮助金曼增强信心，兄妹之情使得她更难看清楚这段关系出了什么问题。哥哥在打击金曼的信心，可是兄妹俩相亲相爱，使她更难以在情绪上摆脱哥哥的影响。

最后，金曼找了一份新工作，搬到另一座城市，也就逃离了这种潜意识的破坏。她发现自己跟哥哥的关系疏远了一些。哥哥需要她保持弱小脆弱，而她已经不能再满足他这种情绪需求了。金曼展现出独立自信的全新姿态，令他的情绪受到威胁。

家庭关系（还有工作关系、朋友之间的关系）可以给人赋能，增强一个人的信心，但也可以破坏一个人的信心。无论是多年来打击你的信心的父母、兄弟姐妹、朋友或伴侣，还是同事或老板，人际关系都可以塑造你的自我信念和表现。

如果一个人在情绪上需要你，多于你需要他们，那么你就处于相对强势的地位，应该更有信心。对方处于相对弱势的地位，信心应该有所减弱。可是在许多关系中，情况更加复杂，金曼和她的哥哥就是一个例子。

单看外在的言行举止，金曼的哥哥好像自信满满；可是，他实际上并没有那么自信，也有表面上看不出来的情感需求。为了补救这一点，他会打击金曼的信心。只要妹妹缺乏信心，需要他的支持和安慰，他就能维持脆弱的自信。可是，在此基础上建立的人际关系，是岌岌可危的。

要学会更加自信，很重要的一点是要审视自己的生活中，谁会提升自己的信心，又有谁会破坏自己的信心。找出这些人之后，你要怎样处理，又是另一回事了。家庭通常是围绕着这些关系构建的，一旦改变这些关系的性质，就可能对全家人产生影响。

金曼的父母害怕失败，所以向她灌输了固定型思维模式，使得她看低自己的能力。他们不会去想，人可以从失败中吸取经验教训，勇敢地迎接挑战，而是认定失败了就是金曼不对。他们成年后取得成功的过程中，走过了跌宕起伏的道路，可是身为成功人士，却同样对可能出现的挫折感到不适。几乎每个人的职业生涯都遇到过困难和失败，也有过纯属运气的时候，这是无可避免的，也是通往成功的阶梯。可是，由于难以接受挫折，他们会"藏起阶梯"。

"藏起阶梯"是临床心理学家菲奥娜·奥多尔蒂（Fiona O'Doherty）创造的一个说法。父母"藏起阶梯"的做法，解释了为什么一些孩子在成长过程中，相信父母的成功是与生俱来的才能，是固定不变的，说明了他们天赋异禀。这些孩子没想到，父母纵然失败也坚持不懈，努力拼搏，也有过纯属运气的时候，才取得了成功。孩子要是以固定型思维模式看待父母的能力，就看不到通往成功的阶梯，就会觉得那样的成功是遥不可及的。

金曼觉得自己很失败，一是由于父母对自己学业成绩的反应，二是他们（或许是出于好意）隐瞒了自己也有过迷茫和不确定的时候，人生中也经历过艰难曲折，攀登过陡峭的阶梯。他们制造出天资过人的形象，让孩子以为自己的成功不费吹灰之力。金曼觉得这样的成功高不可攀，是自己不可企及的，也无从努力。一个孩子要有自信，父母需要诚实地讲述自己攀登过的阶梯，纵然有过失败和焦虑，还是坚持不懈，为孩子树立良好的榜样。

不只是家人可能破坏我们的信心。每个职场上都有这种人：嫉妒的同事在一旁冷言冷语；盛气凌人的上司看到后起之秀，就说一些明褒暗贬的话。这是因为打击别人的信心，就可以给你权力，让你凌驾于他人之上。权力具有提振心情的强大作用，在大脑的奖励网络中起到类似于药物的效果。因此，你必须与让你信心增强的人建立联系，尽量避开信心破坏者。但这本身也需要信心。那么，一个人还有什么其他办法，可以建立信心呢？

自我肯定

以下是一个“自我肯定”练习。请花一两分钟时间做这个练习，以便更好地理解这个建立信心的方法。

请为以下各项在你生命中的重要性排列次序：

你跟亲戚朋友的关系

有创造力

有幽默感

你的独立性

生意或工作

政治承诺

宗教或道德价值观

活在当下，随心而为

你最珍视的是哪一项？例如，你最看重人际关系。请详细地设想一个最近发生的情境，说明你为什么会如此重视人际关系。或许是一番暖心的谈话，或许是朋友向你表达感激之情，或许是一个温暖的拥抱。重要的是，要回想起细节，尽量投入到那个情境和当时暖心的感觉。现在，想一下你生活中看重的其他关系，回忆起与朋友、家人共度的愉快时光。想象一下未来类似的相聚是怎么样的。

你刚做完“自我肯定”练习，在心中唤起了与自己最重视的价值观相关的想法、记忆和情绪。宾夕法尼亚大学的研究人员在2016年做了脑成像研究，发现一个人做“自我肯定”练习时，大脑活动有明显的规律。[①]内侧前额叶皮层和后扣带回皮层是与一个人想到自己时相关的重要网络，而这个网络在做“自我肯定”练习的时候会变得更加活跃。支持积极感觉和动机的奖励网络（腹侧纹状体和腹内侧前额叶）也参与其中。当你想到自己时心情变好，就会变得更加自信。[②]几百项研究也证实了这一点。

金曼学会了在失去信心或感觉受到轻视的时候，做“自我肯定”练习。例如有一次，她跟哥哥聊天，哥哥嘲笑她环游世界的梦想，挫伤了她的自我。他不屑地说：“别痴心妄想了，你哪里适应得了？”换做从前，金曼会深受打击，感到自卑，闷闷不乐地缩回自己的房间里。但现在，她鼓起勇气，强迫自己去想自己的核心价值观。虽然面对不少困难，但她为人慷慨大方，富有幽默感，深受朋友喜爱。此外，她还很关爱家人。她努力地这样去想，就改变了心智和大脑的状态。想要把这些积极的想法和记忆从那么多熟悉的消极想法、记忆和情绪之中拖出来殊非易事。可是她做到了。

在一个人感觉自我受到威胁的时候，“自我肯定”练习可以发挥作用。因此，“自我肯定”可以让人更有信心地改变生活方式，改善健康状况。健康讯息经常会对自我造成威胁：“吸烟的人很有可能会患上肺癌。”“久坐不动的超重人士很可能会早逝。”诸如此类。一个人要是吸烟、不爱锻炼或超重，往往会对这些讯息产生防御反应，在心理上逃避，也不肯改变

---

① 卡肖C. N.，奥唐奈M. B.，廷尼F. J.，利伯曼M. D.，泰勒S. E.，斯特雷奇V. J.，等. 自我肯定会激活主管自我相关加工和奖励的大脑系统，会因未来取向而增强. 社会认知与情感神经科学，2016，11（4）：621－9.

② 科恩G. L.，舍曼D. K.. 改变心理学：自我肯定和社会心理干预. 心理学年鉴，2014，65：333－71.

自己的行为。但如果一个人在听到这些会对自我产生威胁的健康讯息之前，先做“自我肯定”练习，大脑的反应就会更加积极。听到不锻炼的风险，大脑不会自动屏蔽；反之，腹内侧前额叶这个与一个人想到自己相关的网络会启动，让人加强锻炼。[①]

“自我肯定”练习会大大减少血液中的压力激素皮质醇含量。[②]或许更重要的是，研究发现，有慢性压力的学生做了“自我肯定”练习之后，能够更清晰地思考，更好地解决困难的问题。[③]“自我肯定”练习帮助金曼的大脑进入行动取向的模式，减少了焦虑和防御。

自我防御机制需要消耗大量的心理能量，令我们无暇顾及解决问题和威胁。“自我肯定”练习可以帮助你扩大注意力范围，留意到即时威胁以外的事物，让你的心智可以在感觉到威胁的领域之外，获取积极的记忆。

例如，金曼觉得自己的学业很失败，于是，心思集中在羞愧和失望的记忆上。但做完“自我肯定”练习之后，她的注意力更加开放，能够想到自身优势和价值观。于是，她腾出了心思，重拾信心，采取行动。做完“自我肯定”练习，大脑的奖励网络会活跃起来，记忆力系统会专注于成功而非失败，在这种状态下，一个人更容易提起信心。

从脑电图可见，大脑会对错误做出反应，出现一阵活动，这种信号称为“错误相关负波”。这种信号的作用在于，可以令我们留意错误，并对此产生情绪反应。因此，我们更能从中吸取经验教训，避免重蹈覆辙。由

---

① 法尔克E. B.，奥唐奈M. B.，卡肖C. N.，廷尼F. J.，康Y.，利伯曼M. D.，等. 自我肯定改变大脑对健康讯息的反应及随后的行为改变. 美国国家科学院院刊，2015，112(7)：1977－82.

② 克雷斯韦尔J. D.，韦尔奇W. T.，泰勒S. E.，舍曼D. K.，格吕内瓦尔德T. L.，曼T.. 对个人价值观的肯定可缓冲神经内分泌和心理应激反应. 心理科学，2005，16(11)：846－51.

③ 克雷斯韦尔J. D.，达彻J. M.，克莱因W. M.，哈里斯P. R.，莱维内J. M.. 自我肯定有助于在压力下解决问题. 公共科学图书馆：综合，2013，8(5)：e62593.

于我们有着认为自己优于平均水平的强烈需要，因此，若要从错误中吸取经验教训，可能会令自我感到不安。在一个防御心强的人的大脑中，错误相关负波就相当于"故障信号"，会令人产生心理抗拒。

多伦多大学的研究人员让学生做一个测试，要求学生在屏幕上出现一个形状时快速按键，但在出现另一个形状时不要按键。每当学生按错了，屏幕上就会出现醒目的"错误！"字样，对自我构成威胁。[①]在测试之前，一半参与者做了"自我肯定"练习。值得注意的是，那些做了"自我肯定"练习、防御心没有那么强的学生，大脑对错误产生的错误相关负波比另一组大得多。这些学生的大脑更乐于迎接失败，也就更能从中吸取经验教训。

无惧失败挫折，继续前行，是信心的主要来源之一。如果我们的自我防御心太强，就会逃避失败，信心因而下降。做了"自我肯定"练习，我们就更容易忍受挫折、失败和错误，以此建立信心。

一个人要是喜欢破坏别人的信心，通常是为了抬高自我。这时，双方很容易陷入相互攻击、令彼此自我受创的恶性循环。华盛顿大学（University of Washington）的约翰·戈特曼（John Gottman）是婚姻关系领域的顶尖专家。他发现，防御心是预测夫妻不和、最终离婚的最重要变量。[②]在彼此防御的关系中，夫妻双方通常会以牙还牙，陷入恶性循环。然而，转入"肯定"模式可以打破这个恶性循环，例如突如其来的赞美，又或者表达尊重。当"肯定"这面保护自我的盾牌掉转方向时，信心破坏

① 勒戈L.，阿-金迪T.，因兹李克特M.. 在表现面临威胁时保持诚信：自我肯定可提升对错误的神经生理反应. 心理科学，2012，23（12）：1455 - 60.

② 戈特曼J. M.，默里J. D.，斯旺森C. C.，泰森R.，斯旺森K. R.. 婚姻的数学：动态非线性模型（*The Mathematics of Marriage: Dynamic Nonlinear Models*）. 马萨诸塞州剑桥：麻省理工学院出版社，2005.

者或许会卸下盔甲。

在自我受到威胁的时候，“自我肯定”练习是最有用的。我们在上文中看到，女性在数学或物理等科目上与男性竞争时，会面对刻板印象威胁带来的阻力。2010年的一项研究发现，只要在为期15周的物理课程中，让女生做两次简短的“自我肯定”练习，就可以大大缩小男女在物理成绩方面的差距。①那些最认同“我个人认为，男生的物理成绩一般比女生更好”的女生，在“自我肯定”练习中受惠最多。她们做“自我肯定”练习，肯定的并不是关于物理学的价值观，而是自己最珍视的方面，例如人际关系。消极的刻板印象会消耗心理能量，影响到一个人的表现；而“自我肯定”练习可以减少刻板印象的影响，帮助她们增强信心，提高物理成绩。

资深州参议员、曾经参选美国总统的伊丽莎白·沃伦（Elizabeth Warren）在一次毕业典礼致辞中表示，不管别人怎么想，知道如何定义自己，是帮助自己发掘新机会、应对挫折的重要指南。她表示，向自己肯定这些价值观，就像一艘帆船上的活动船板，可以让你稳稳地扬帆起航。②

在2019年的一项研究中，美国青少年在肯定了自己的价值观之后，学业成绩取得了很大进步。③其中，那些由于社会或种族背景而受到威胁的学生进步最大。在那些奋力对抗偏见阻力的人身上，“自我肯定”练习能起到最大作用。遭受偏见会带来压力，而压力会侵蚀自信。只要肯定你

---

① 三宅A.，科斯特-史密斯L. E.，芬克尔斯坦N. D.，波洛克S. J.，科恩G. L.，伊托T. A.. 缩小大学科学成绩方面的性别差距：对肯定价值观的课堂研究. 科学，2010，330（6008）：1234－7.

② 沃伦E.. 参议员伊丽莎白·沃伦在萨福克大学2016年毕业典礼致辞. [获取和访问路径：https://www.graduationwisdom.com/speeches/0207-Elizabeth-Warren-Commencement-Address.htm] 引用日期：2020年9月1日.

③ 博尔曼G. D.，布罗泽克C. S.，派恩J.，昂塞尔曼P.. 重新评估学业和社会逆境可改善中学生的学业成绩、行为和幸福感. 美国国家科学院院刊，2019，116（33）：16286－91.

的价值观，就可以帮助你缓解压力，变得更加聪明。[①]

知道自己是谁，立足于生命中对自己最重要的事情，是学会更加自信的重要一步。怎样为自己设定目标，也是很重要的。

设定自己真实的目标：别太易，也别太难

雅虎前首席执行官玛丽莎·梅耶尔（Marissa Mayer）曾经表示，自己成功的秘诀之一，是做一些自己还没有准备好去做的事情。她发现，迈着小小的步子踏入不确定的领域，会让她成长，大大增进对自己的了解，意外的好事有时会随之而来。[②]

从梅耶尔的经验中，我们可以看到学会自信的一条重要途径：为自己设定经过努力才能实现的目标，不要太易也不要太难。我们知道，信心来源于成功，尤其是克服艰难挑战才取得的成功。梅耶尔明白这一点。她不会等到有完全把握才去做一件事，而是会设定经过努力才能实现的目标。她也知道怎样判断自己的目标，所以实现目标的概率相当大。

男性比女性更倾向去做（借用梅耶尔的话）“不太有把握”的事情。有一个杜撰的故事说，一家公司刊登了一则招聘广告，列出了对求职者的六项重要要求。女性求职者只满足其中五项，于是没有投简历；而男性求职者只满足其中三项，投了简历，就拿下了这份工作。当然，其中的差别在于信心。

每个人的生活都会遇到挑战。研究发现，比起那些有过一些比较消极

① 哈里斯P. S.，哈里斯P. R.，迈尔斯E.. 自我肯定可改善与执行功能相关的任务表现. 实验社会心理学杂志，2017，70：281－5.

② 霍尔R.. 玛丽莎·梅耶尔：从雅虎首席执行官学会的人生6课. 美国有线电视新闻网（CNN），2012年7月19日. [获取和访问路径：https://edition.cnn.com/2012/07/17/tech/mayer-yahoo-career-advice/index.html] 引用日期：2020年9月1日.

经历的人，那些小时候一帆风顺、从未或基本上没有遇到过逆境的人长大以后情绪更为脆弱，也更缺乏信心。[1]没有遇到过逆境，就像父母没有让自己接种疫苗，所以患上麻疹。接种疫苗后，人体免疫系统能够学会识别和抵抗病原体。逆境的“疫苗”可以教会我们识别焦虑，在心理上做出回应。

要从逆境中受惠，有两个条件。首先，你需要有一定的掌控感，相信无论如何，你都可以（在外部或内部世界）做一些事情，改善自己当下和未来的幸福感。其次，你不能逃避失败，而是应该愿意从失败中学习。

弱势群体要遏制抑郁和焦虑，掌控感是十分重要的。有掌控感的人大脑中的海马体（记忆中心）会更加健康。[2]压力激素皮质醇反复上升会损害海马体，而掌控感和由此得来的信心会遏制皮质醇的分泌，舒缓大脑面对的压力。

金曼在找到自己的方向和信心之前的许多年里，一直觉得无法控制自己的人生。一个人要是感到无力控制自己的生活，就会产生焦虑，而你要是把焦虑看作自己生病了，是自己无法控制的，就会陷入恶性循环。金曼的情况就是这样的。但她最难做到的，是学会减少担忧。担忧会给人一种控制错觉，所以令人煎熬之余，又会教人心理上瘾，欲罢不能。[3]金曼会翻来覆去地反刍对未来的恐惧（“我这辈子可以离家独立生活吗？”）和对过往的愧疚（“我本来不应该在最后一刻取消去度假的计划，令他们失望

---

① 西里M. D.，莱奥R. J.，卢平S. P.，孔德拉C. L.，阿尔蒙特J. L.. 逆境有好处吗？人生积累了中等程度逆境与面对可控应激源时的坚韧反应相关. 心理科学，2013，24（7）：1181－9.

② 普吕斯纳J. C.，鲍德温M. W.，德多维奇K.，伦威克R.，马哈尼N. K.，洛尔C.，等. 青年人和老年人的自尊、控制点、海马体体积和皮质醇调节. 神经成像，2005，28（4）：815－826.

③ 格罗尔M.，施文茨法伊尔A. K.，斯特里克J.，布思C.，坦普尔－麦丘恩A.，德拉克斯汗N.，等. 焦虑心理的控制：焦虑倾向个体自适应工作记忆训练和认知偏差修正的研究．行为研究与治疗（*Behaviour Research and Therapy*），2018，103：1－11.

的”)。不知不觉中，担忧成为了行动的替代品。在心底深处，她误以为只要一直为某一件事发愁，就可以神奇地防止这件事发生。

为了避开这个担忧陷阱，金曼学会了区分自己可以控制的事情和自己无法控制的事情。每当她担忧自己可以控制的事情，例如找一份新工作，就会把这件事与具体行动联系起来，设定具体的小目标。实现这些小目标，能够有效地帮助她建立信心，感觉更能控制自己的焦虑。

金曼采取了固定型思维模式，所以难以应对失败。而她哥哥也受到同一个问题的困扰，只是表现形式不同罢了。正因如此，他把她当成了家里失败的避雷针。

快到30岁的时候，金曼的哥哥面对职场残酷的现实，情绪上受到很大冲击。成功不是必然的。对他来说，焦虑是一种全新的体验，令他感到害怕。他从未接种过焦虑的“疫苗”，所以会感到震惊；他只能以固定型思维模式看待这件事，于是去看了医生，接受“治疗”。到两兄妹30岁出头的时候，反倒是金曼比哥哥更自信，更有情绪上的安全感了。

设定目标、实现目标，是变得更加自信的重要方法。要是目标只是小菜一碟，成功了也不会让你感到兴奋，也就不能让你建立信心。但要是目标太遥远、太艰难，你又注定会失败，失去动力。因此，完美主义者很难变得自信。完美主义者的头脑中经常会响起父母的声音，好像听到父母把还不错的成就说得一文不值，并为之灰心丧气。要增强信心，一个人必须拥抱不完美，从中学习，不能害怕和逃避。这跟对待失败的态度是一样的道理。

金曼还学会了关于信心的另一个重要事实：目标必须是你自己真实的目标。一直以来，父母按照她哥哥走过的路给她设定成就目标，这样的目标只会给她造成负担。但在心理比对方法的帮助下，她能够理清哪些目标是她自己的，哪些目标是切实可行的。在此之前，她会为自己比不上哥哥而发愁：哥哥总是在班上拿第一，上大学拿全A，而自己做不到。可是，这是跟其他人比较，并不是她真实的目标。需要打败别人的问题在于，总会有人比你强。这种比较目标只会带来焦虑和对失败的恐惧。

首尔的韩国高丽大学（Korea University）在2014年做了一项研究，招募像金曼这样给自己设定比较目标的年轻学生，研究他们的大脑。与之对比的是“掌握取向”的学生，他们的主要动力不是与别人竞争，而是更好地理解所要学习的内容。第一组学生同意这样的陈述：“在这项任务中我要比别人做得更好，这对我来说很重要。”而第二组学生同意这样的陈述：“我要尽量透彻地理解这项任务的内容，这对我来说很重要。”

学生躺在功能性磁共振成像（fMRI）大脑扫描仪中，必须解答困难程度不同的问题，每回答一个问题，研究人员都会告诉他们是答对了还是答错了。每次答错了，掌握取向的学生大脑的前额皮层活动会上升。由此可见，他们在努力思考这个错误，弄清楚错在哪里。而那些爱跟别人比较的学生，前额皮层活动大幅下降。由此可见，他们并没有努力弄清楚自己错在哪里，而是在心理上退缩了，“屏蔽”错误。第一组学生可以从错误中学习，接下来纠正错误，信心增强；而第二组学生不会这样做。[①]

金曼曾经属于第二组人，但多年来饱受恐惧和失败感折磨之后，她学会了为自己设定只属于自己的目标。她不在乎跟别人攀比排名，而是按照自己的标准来设定属于自己的目标。因此，金曼能够实现自己界定的目标，取得成功，以此增强信心。她现在和掌握取向的韩国学生一样，能够从挫折中学习，进一步增强信心。然后，她在社交生活中运用这个方

① 李W.，金S.. 成就目标对寻求挑战和加工反馈的影响：行为和fMRI证据. 公共科学图书馆：综合，2014，9（9）.

法，学会了不去理会别人有多么受欢迎，而是把心思集中在身边几位好友身上。

假装自己可以，久而久之你就真的可以？

“只要相信自己就好。即使你不相信自己，也要假装相信，久而久之，你就真的相信自己了。”[①]2013年，维纳斯·威廉姆斯接受ABC新闻采访，说了这番话。成功人士经常会这样说。但这背后有科学证据吗？这里的“假装”是怎么一回事？在一段时间里，研究人员认为这是身体上的。哥伦比亚大学和哈佛大学的研究人员做了一项研究，提出“高能量姿势”的概念。他们声称，舒展、自信的身体姿势（双腿分立，有意地张开双臂或叉腰）会让人看起来更加自信，提升人体内的睾酮水平，也就会让人感觉更加自信。研究人员称之为“高能量姿势”。可是，后续研究未能证实这一发现。[②]不过，在进一步的研究出炉之前，有多位政客和商业领袖在发表演讲时，两脚分得很开，昂首挺胸，像中世纪哨兵似的，摆出趾高气扬的姿势。2018年，赛义德·贾维德（Sajid Javid）就任英国财政大臣头一天，就摆出了这个极端的姿势，遭到许多人的耻笑。[③]

那么，维纳斯·威廉姆斯的话有没有道理呢？我们在前文中看到，借助行动来产生新的感觉，往往要比借助感觉来做出新的行动容易一些。如

① 波普伊N.. 维纳斯 · 威廉姆斯勇闯时尚界、享受乐趣……并打打网球. ABC新闻，2013年4月25日. [获取和访问路径：https://abcnews.go.com/blogs/headlines/2013/04/venus-williams-courts-success-in-fashion-fun-and-tennis/] 引用日期：2020年9月1日.

② 兰尼希尔E.，德雷贝A.，约翰内松M.，莱贝格S.，苏尔S.，韦伯R. A.. 评估高能量姿势的可靠性：在大样本男性和女性身上对激素和风险容忍度并无影响. 心理科学，2015，26（5）：653 - 6.

③ 贝兰M.. 赛义德 · 贾维德和保守党高能量姿势的回归. 卫报，2018年4月30日. [获取和访问路径：https://www.theguardian.com/politics/2018/apr/30/sajid-javid-tory-power-stance] 引用日期：2020年9月1日.

果一个人没有成功的把握就离开舒适区，算是一种“假装”，那么是的，假装自己可以，久而久之你就真的可以。2020年，研究人员回顾了关于姿势的所有研究，发现舒展身体姿势（两脚分立，挺直肩膀，张开手臂）其实并不能显著提升你的信心。但研究发现，蜷缩身体姿势（双臂交叉，低头驼背，双腿交叉）会大大削弱一个人的信心。①

“高能量姿势”未必能让你增强信心，可是在“压力山大”的情况下，身体站直，避免弯腰驼背、蜷缩身体，确实会帮助你保持自信。此外，比起穿着休闲装，人们穿着正装时往往会感觉更有力量，抽象思维也就会更加活跃。②西北大学的研究人员在2012年发表了一项研究，发现一个人只要穿上实验室白大褂，就可以更好地集中注意力和专注力。③

所以，“假装”自信的外表可以产生一定的效果，但这并不是单凭“假装”的功劳。金曼改变了思维方式，采取实际行动，才逐渐学会变得更加自信。她可以穿上时尚的服装，纵然底气不足也露出自信的微笑，直视别人的眼睛，忍住不要蜷缩身体，这些方法都是有用的。可是，无论她有多么注重时尚，多么大胆地接触别人的眼神，都不能替代思维方式的转变。

总想打消他人的疑虑，频频寻求安慰

金曼几乎每次跟人交流互动，都总想打消他人的疑虑，都会寻求安慰，这已经成了根深蒂固的习惯。“希望我没有表现过激……”“我说得明白吗？”“要是我在说废话，麻烦告诉我……”“希望听我说话，没有让

① 艾基亚E.，米克尔森M. B.，米夏拉克J.，门宁D. S.，奥图尔M. S.. 舒展和蜷缩的身体姿势和动作：姿势动作对情感和行为反应影响的系统综述和元分析. 心理科学观点，2020，1745691620919358.

② 斯莱皮恩M. L.，费伯S. N.，戈尔德J. M.，拉奇克A. M.. 正装对认知的影响. 社会心理学与人格科学，2015，6（6）：661－8.

③ 亚当H.，加林斯基A. D.. 穿衣认知. 实验社会心理学杂志，2012，48（4）：918－25.

你觉得很无聊……”表面上看来，金曼在寻求对方的反馈意见，这好像是健康的做法，可以让她跟朋友或同事处好关系。这种理解或许有一点道理，但不尽然。当一个人不断地寻求安慰时，就要付出昂贵得多的代价。这种做法会使得焦虑长期持续下去，导致信心严重流失。

打消他人的顾虑，寻求安慰的做法在短期内可以减轻焦虑，可是长远而言会令焦虑恶化。[①]金曼长期处于自我怀疑状态，每次跟人说话，过后都会在头脑中反复琢磨每一个字，担心自己说了傻话。这种反刍思维会令她感到焦虑。于是，为了减轻焦虑，她会寻求安慰，对象可能是此前跟她说话的人，更有可能是她的朋友：“你觉得我这样对她说，是不是很不好？我觉得她可能不喜欢我。”

朋友通常会安慰她：“当然不会了，她很喜欢你。”于是，金曼没有那么焦虑了，但效果只能持续一会儿。过了一阵子，怀疑又会悄悄地浮现心头，她会寻求更多安慰，得到更多安慰。焦虑水平会再度下降，但随后又会报复性反弹。安慰成为了一种习惯。她每次得到安慰，大脑都会得到一小阵奖励，严重的焦虑感有所减轻。但效果是短暂的。她很快又需要寻求更多安慰，才能达到相同的效果。跟许多习惯一样，奖励会逐次递减。

信心不足的人频频寻求安慰，心态会受到这种行为的主宰，变得越来越焦虑，越来越没有信心。光是做出寻求安慰这种行为，就会令人更加焦虑，心情变差，从而破坏信心。

频频寻求安慰也会影响到一个人的人际关系——“如果她这样怀疑自己，或许她是对的？”我们在全书中看到，信心是会传染的，而自我怀疑也是会传染的。如果信心是说服的来源，那么反过来，自我怀疑就会“劝

---

① 雷克托N. A.，卡姆卡尔K.，卡森S. E.，阿伊斯特L. E.，洛波绍J. M.. 评估焦虑障碍患者过度寻求安慰. 焦虑障碍杂志（*Journal of Anxiety Disorders*），2011，25（7）：911 - 7.

退”别人，让人不要相信你。

金曼在培养自信心的过程中，必须学会忍住不去寻求安慰，这也是她最难做到的一件事。久而久之，她意识到除了寻求安慰的习惯之外，她还有许多其他不良习惯，会向别人发出自我怀疑的信号，让自我怀疑长久地持续下去。以下只是她慢慢意识到的一些不良习惯：

过于频繁地道歉——“抱歉，我弄得一团糟……”“抱歉，我早该打电话的。”

对待别人的赞美，过于谦虚——“哎呀，那只是碰运气罢了。”

在句末用升调，好像在表达疑问的语气。

不确定自己是否做出了正确的选择，就连很小的决定也迟迟拿不定主意。

开一些自嘲的玩笑——“我真傻……”“我一点章法都没有。”

金曼必须摆脱上面每一个习惯。她不再为自己压根没做错的事情道歉，强迫自己忍受短时间的焦虑。听到别人的赞美，她学会微笑，表示感谢。她不再用疑问的语气去说每一句话。她学会爱上自己的决定——“我做出了决定，就是对的。”她也不再为了防范自己想象出来的批评声音，开那么多自嘲的玩笑。

其中大多数习惯都是某种形式的寻求安慰，她已经依赖太久了。拐杖拄太久，腿部肌肉就会萎缩，而心理的拐杖对信心的肌肉也有类似的影响。我们每做一个决定、每采取一项行动，本质上都会有怀疑，金曼学会了去承受。要做到这一点，她靠的是信心。

Overconfidence

Chapter 9

第九章

过度自信

第九章 | CHAPTER 9

1978年5月25日，格拉斯哥的汉普顿公园球场（Hampden Stadium）门前，3万名足球迷兴奋地聚集在一起。他们汗湿的手中抓着价格高昂的门票，来看苏格兰足球代表队。球队进场，著名的汉普顿公园球场响起了雷鸣般的欢呼声。但球迷今天并不是来看球的，而是来看着教练艾利·麦李欧德（Ally MacLeod）和球员在啦啦队夹道欢迎下逐一入场。全场掌声雷动。然后，教练和球员登上一辆敞篷观光大巴。大巴环绕球场一圈后离开，奔赴在阿根廷举办的世界杯决赛。

一年前，麦李欧德夸下海口："我想证明自己是全世界最优秀的主教练。"记者问他，等苏格兰拿下世界杯冠军，他打算做些什么，他回答道："卫冕冠军。"

在阿根廷的赛果令人大跌眼镜。苏格兰队第一轮输给了秘鲁队，第二轮与伊朗队打平。虽然在第三轮表现不俗，苦战击败了荷兰队，但还是无缘晋级，灰溜溜地打道回府。苏格兰队的实力其实并不弱，他们能战胜实力强大的荷兰队，就证明了这一点。球队也并不是缺乏信心。显而易见，主教练把球队带到了超级自信的状态。

通俗地讲，艾利·麦李欧德是一个"吹牛者"。这是一种常见的人格类型，学术界已经对此展开研究。[①]在一项国际教育成就调查中，研究人员列出了16个数学概念，例如“算术平均数”“余弦”“线性方程”等，问青少年是否熟悉这些概念。对大多数小小数学家来说，暂时还没有问题。可是，研究人员还在调查中混入了三个纯属虚构的术语：“说明性分数”“虚拟缩放”“固数”。青少年必须回答自己对每个术语有多么熟悉，理解有多深，量表一端是“从来没听说过”，而另一端是“非常了解”和“完全理解这个概念”。从他们的回答可以得出一个吹牛指标——对一个纯属虚构、参与者不可能听说过的概念，他们会多么自信地宣称自己理解呢？

结果发现，在调查中全部9个英语国家，男生吹牛都比女生多得多。这个结果并不令人意外。富裕家庭的儿童也比贫穷家庭的儿童更爱吹牛。北美洲爱吹牛的青少年人数比苏格兰和爱尔兰的多得多，而英格兰、新西兰和澳大利亚的数据排在中间。

这个发现凸显了信心的模棱两可之处。原来，爱吹牛的青少年对解决实际问题更加自信。比起不爱吹牛的人，他们会夸大自己的数学知识，还相信自己在学校更受欢迎，遇到困难问题会更有恒心去解决。换言之，他们比不爱吹牛的人更加自信，我们也看到了，自信具有强大的自证预言效应。

可是，如果你是外科医生、金融交易员或卡车司机，你必须知道自己能力的局限性，尽量避免由于过度自信而做出不自量力的行为。康奈尔大学的研究人员在1999年发现，一个人的能力越低，就越容易高估自己的

---

① 杰里姆J.，帕克P.，舒尔D.. 吹牛者：他们是谁，我们对他们的生活有何认识？. 波恩：劳动经济学研究所，2019. 合同编号：IZA DP No. 12282.

能力。这是一个发人深省的事实。[①]拙劣的外科医生对自己能力的评价高于实际水平，而优秀的外科医生高估自己能力的情况会少得多。一个人越笨，就越容易高估自己的聪明程度。大多数人都自负地认为自己的驾驶技术高于平均水平。如果你最近为养老基金的缩水而心痛，想想这个可悲的事实：74%的基金经理认为自己的投资绩效高于平均水平。[②]

我们称之为“信心”的东西，其核心存在一个矛盾。我们要对未来怀有信念，要满怀动力地奋勇向前，就必须对会发生什么事情的概率以及我们自己“做得到”的能力过度乐观。比起不抑郁的人，轻度抑郁的人士对不确定的未来事件会做出更为现实的预测。[③]换言之，“健康”的正常人会对未来和自己的能力抱有一定程度的自欺，或者说信心。随着抑郁程度上升，不现实的预测会往相反的方向倾斜，人会变得悲观。一个相对健康的正常人会怀有乐观偏差，也就是所谓的信心。在信心的欺骗下，我们会做出在没有偏差的情况下不会去尝试的事情。而很多时候，带有这些常见妄想的人会采取行动，取得成果。因此，信心是相当有用的。

可是，过度自信并非全是好事，也会令人付出代价。

腿部截肢的故事

主治的外科医生行色匆匆地走进病房里，气流带动白大褂的下摆飞扬起来。他快速浏览着大量的病历资料，大声提问。初级医生不安地把脚动

---

① 克鲁格J.，邓宁D.. 缺乏技能和自知之明：人难以认识到自身的无能，导致自我评价膨胀. 人格与社会心理学杂志，1999，77：1121－34.

② 蒙捷J.. 行为不当. 社会科学研究网（SSRN），2006年2月2日. [获取和访问路径：http://dx.doi.org/10.2139/ssrn.890563] 引用日期：2020年9月1日.

③ 斯特伦克D. R.，洛佩斯H.，德鲁贝斯R. J.. 抑郁症状与对未来生活事件不切实际的负面预测相关. 行为研究与治疗，2006，44(6)：861－82.

来动去，嗫嚅着应答。护士神色紧张，在患者身边忙碌。外科医生用力扯开被单，露出患者的双腿，简单地戳了戳，看了看，最后带着善意的微笑，对病床上的男人说：

“今天感觉怎么样？”

听到医生对自己说话，患者先是露出吃惊的表情，然后神色困惑、温顺。

“感……感觉还好，谢……谢谢您……”

“痛吗？”

患者又露出吃惊的表情。“什……什么？”

“你的腿，痛吗？”

“噢，痛……痛的。”

“你知道，是非要截肢不可的？”

患者憔悴的脸上蒙上一层阴霾。“另一位医生……是这么说的，可是……”

“很好，我会安排的。我明天给你动手术。”

外科医生转身离开，白大褂飞扬起来。初级医生赶紧跟上去。

第二天一大早，这位外科医生气场十足地进入手术室，操刀做了截肢手术。可是，他搞错了腿，把患者健康的那条腿截掉了。一个月后，外科医生不得不截掉另一条腿。

以上是根据事实改编的故事，也反映了以前的医生老一套的做法。如今，许多国家改革了医疗培训和医院运营方式，已经改变了这种局面。可是在2016年发表的一项研究发现，“医疗疏失”在美国人死因中排名第三，仅次于心脏病和癌症。[①]其他一些国家的研究也得出了类似的结论。例如，罗德岛州一家医院一年不少于3次“开错脑”，给病人未患病的一侧大脑开了刀。[②]当然，医生会犯错，所有人都会犯错。可是，医生犯错比大多数人犯错的后果更为严重。而过度自信正是一项主要原因。[③]

不过，政治领导人过度自信的后果甚至更为严重，可能会引发战争。例如，在1980年，萨达姆·侯赛因（Saddam Hussein）领导伊拉克对伊朗开战，发动历时8年的两伊战争，给国家和人民带来了灾难。他高估了本国军队的实力，低估了伊朗军队的实力。战争导致多达200万人死亡，数百万人伤残。[④]倘若在战争爆发初期，两国议和，这对双方都是有好处的。事实上，在几乎所有战争中都是如此。可是，过度自信的政治领导人也会对冲突可能的结果过度乐观。他们怀有优越感错觉，无视铁一般的事实和概率。[⑤]

但问题是，过度自信是虚张声势，而虚张声势有时是管用的。

根据历史学家多米尼克·约翰逊（Dominic Johnson）在《过度自信与战争》（*Overconfidence and War*）一书中的记载，1532年11月16日，西班牙征服者弗朗西斯科·皮萨罗（Francisco Pizarro）带领着168名西班牙士兵，与印加帝国8万名士兵对峙。一名西班牙目击者写道，“既然

---

① 马卡里M. A.，丹尼尔M.. 医疗疏失：在美国人死因中排名第三. 英国医学杂志（*British Medical Journal*），2016，353：i2139.

② 蔡尔兹D.. 医疗疏失：过去和现状. ABC新闻，2009年2月19日. [获取和访问路径：https://abcnews.go.com/Health/story?id=3789868&page=2] 引用日期：2020年9月1日.

③ 克罗斯克里P.，诺尔曼G.. 临床决策中的过度自信. 美国医学杂志（*American Journal of Medicine*），2008，121（5）：S24－S9.

④ 约翰逊D. D.. 过度自信与战争：积极幻想的杀伤力和荣耀（*Overconfidence and War: The Havoc and Glory of Positive Illusions*）. 马萨诸塞州剑桥：哈佛大学出版社，2004.

⑤ 温特D. G.. 权力、亲和与战争：对一个动机模型的三个测试. 人格与社会心理学杂志，1993，65（3）：532－45.

如此，他们不能转身回去，也不能流露出恐惧，不然会显得对胜利没有把握”。皮萨罗为了提振士气，告诉手下的士兵说，印加帝国“只有”4万名士兵。西班牙人似乎决心要维持必胜的错觉。

皮萨罗带领的军队获胜了，主要原因不在于马匹和大炮，而在于大规模的虚张声势，令配备矛、棍棒和弓箭的印加人失去了士气和信心。约翰逊详尽分析了几百场历史战役，主要是第二次世界大战和中东战争中的战役。分析发现，在许多场战役中，类似的虚张声势为成功提供了支持。[①]

约翰逊发掘出军事领导人以弱胜强的许多例子，尽管敌军实力强大，过度自信的军事领导人还是像皮萨罗一样，领军打败了对手。他得出结论，过度自信的作用并不在于让较弱的一方实力大增，而在于欺骗敌人，让对手高估自己的真正实力。[②]

过度自信实际上是一种公关策略，可以说服对手你比实际水平更难对付。但每一场类似皮萨罗的胜利，都对应着许多场过度自信引起的灾难。第一次世界大战之中的加里波利之战，拿破仑入侵俄罗斯，都是其中的例子。后者是过度自信的愚蠢之举，在一个世纪之后，希特勒又忍不住重蹈覆辙。

多伦多大学在2007年发表了一项研究，研究人员让527名石油地质学家在一次模拟演习中寻找石油。研究人员一点点地给他们提供越来越负面的证据，证明他们（在现实世界中会非常昂贵）的努力很可能是白费的。可是，在收到负面反馈之后，最自信的那些地质学家却加大了勘探力度。他们并没有停止追踪错误线索，接受沉没成本，而是在虚拟演习中白白浪

---

① 约翰逊D. D.. 过度自信与战争：积极幻想的杀伤力和荣耀. 马萨诸塞州剑桥：哈佛大学出版社，2004.

② 约翰逊D. D.，兰厄姆R. W.，罗桑S. P.. 军事无能是适应性的吗？对现代战争中承险行为的经验测试. 进化与人类行为，2002，23（4）：245－64.

费了公司几百万资金。没有那么过度自信的地质学家早早放弃了徒劳而又昂贵的勘探工作。[①]

过度自信会让人对这个世界十分肯定，而这可能相当危险。面对极其复杂的现实，过度自信的人会把分析简单化，提出过分简化的解决方案。研究人员发现，无论是左翼还是右翼的极端政客，都会采取过度简单的思维方式。这样的极端分子就连估计一个玻璃杯里有几粒沙子，都会给出过度自信的回答。[②]

当然，我们都希望自己的外科医生有自信，可是，我们怎么知道这是不是过度自信呢？这就是左右为难的地方。适度的信心可以让我们更有说服力、更有效；可是，过度自信会让人做出愚蠢的行为，例如错误地给病人截肢，发动可怕的战争。过度自信是造成许多悲剧和错误、令人付出高昂代价的核心原因。这种现象十分普遍和常见，甚至衍生出“赢家诅咒”的说法。

赢家诅咒

这位企业家为人类的未来制订了激动人心的计划，地位扶摇直上，成为了世界领导人追捧的国际名人。他接受《纽约》（*New York*）杂志采访时表示，凭借他创办公司的大小和规模，他可以解决世界上最大的问题；公司需要最大的估值，来解决全球战争问题：“世界上有1.5亿孤儿，我们想解决这个问题，并给他们一个新的家。”

---

① 怀特G.，萨克斯A. M.. 在升级情况下自我效能对行为的影响. 人类绩效（*Human Performance*），2007，20（1）：23－42.

② 范·普罗杨J. W.，克洛维尔A. M.. 极端政治意识形态的心理特征. 心理科学最新指南，2019，28（2）：159－63.

他还声称，企业使命是“提高世界的觉悟”。[①]

2019年8月14日星期三上午7点7分，亚当·诺伊曼（Adam Neumann）创办的WeWork公司发布首次公开募股（IPO）相关文件，估值470亿美元。到10月中旬，估值暴跌至不到80亿美元，2400名员工被解雇。WeWork的大股东软银集团（SoftBank）同意从其他投资者手中购买价值15亿美元的WeWork股份。作为这项救助计划的交换条件，诺伊曼被迫辞去首席执行官一职，拿钱退出公司。

过度自信是高估自己的能力和成功的可能性。亚当·诺伊曼绝对是过度自信的。在短短9年里，他带领这家初创企业从只有一间办公室，发展成为纽约和伦敦最大的私营办公租赁公司之一，在逾23个国家或地区设立办公地点。[②]但最终，他无法为1.5亿孤儿找到家庭，无法制止全球冲突，也无法提高世界的觉悟。不幸的是，他也无法阻止公司落入估值暴跌390亿美元这一前所未有的境地。

然而，由于他雄心勃勃、胆大妄为，投资者（包括软银集团首席执行官孙正义）对WeWork的投入达到数十亿美元。我们在上文中看到，信心让人更有说服力，而过度自信让人说服力超强，也更愿意承担风险。据美国商业杂志《快公司》（*Fast Company*）报道，有高管想要说服诺伊曼少承担一些风险，而诺伊曼称之为“二流员工”。据称，他不让持悲观态

---

① 韦德曼R.. 我们中的我：WeWork的亚当·诺伊曼是怎样把带“社区”的办公空间打造成估值470亿美元的公司？靠的不是共享. 纽约杂志，2019年6月10日.

② 琼巴拉杰G.. WeWork成为曼哈顿最大的私营办公租赁公司之一. WeWork新闻编辑室，2018年9月17日. [获取和访问路径：https://www.wework.com/ideas/newsroom-landing-page/newsroom/posts/wework-becomes-biggest-private-office-tenant-in-manhattan] 引用日期：2020年11月19日.

度的高管开会，就算他们出席了会议，也视若无物。①

“赢家诅咒”是指在拍卖情境中，中标价格往往高于拍卖品的实际价值。1971年，3位工程师注意到在石油开采权的竞拍中，中标公司为油田勘探权支付的价格高于油田最终的实际价值，于是生造出这个词。②过度自信会使人过度乐观。

显然，在亚当·诺伊曼的执掌下，WeWork就是这样的。尽管诺伊曼提出了宏大的愿景和理想，最终却必须为公司的年度亏损和虚高的估值向投资者交代。③只不过，这个诅咒并没有落到他本人身上。他离开了公司，据说变得非常、非常有钱，而他手下许多员工可没有这么幸运。过度自信的悖论由此可见一斑。在“赢家诅咒”落下之前，过度自信是有用的。有些人像诺伊曼一样，很善于在此之前利用这个手段，然后潇洒离开，全身而退，留下其他人受到诅咒。

过度自信可以是资产，也可以是诅咒，具体要视情况而定。在负责管理养老基金和投资的基金经理之中，74%认为自己的投资绩效高于平均水平，这个事实值得我们深思。④既然他们的自我评价如此偏颇，我们的钱还安全吗？

2008年，海法大学（University of Haifa）的研究人员招募了一群资深专业财务顾问和一群经济学系的本科生，悄悄地“启动”他们的承险或

---

① 布鲁克K.. 我们失败了：孙正义和亚当·诺伊曼之间注定失败的关系是怎样让WeWork陷入灾难. 快公司（*Fast Company*），2019年11月15日.

② 塞勒R. H.. 异常：赢家诅咒. 经济展望杂志（*Journal of Economic Perspectives*），1988，2（1）：191－202.

③ 尼特R.. 一个抱负极高的人的骄傲自大：投资者是怎样让WeWork创始人回归现实. 卫报，2019年9月28日. [获取和访问路径：https://www.theguardian.com/business/2019/sep/28/hubris-of-a-high-flyer-how-investors-brought-wework-founder-down-to-earth] 引用日期：2020年11月19日.

④ 蒙捷J.. 行为不当. 社会科学研究网（SSRN），2006年2月2日. [获取和访问路径：http://dx.doi.org/10.2139/ssrn.890563] 引用日期：2020年9月1日.

避险心态。研究人员表面上让参与者做一个词汇记忆测试，偷偷往里面掺了一些承险或避险词汇。承险词汇包括“创业精神”“大胆”“冒险”等，避险词汇包括“一丝不苟”“负责”“仔细”“考虑周详”等。不知不觉之中，这些词左右了参与者的思维偏向。

潜意识“启动”承险或避险心态之后，这些专业财务顾问和学生拿到一些股票的详细资料，对这些股票做出投资决策。光是在所谓的记忆测试中看到承险词汇，每个人对股票做出高风险选择的意欲都会上升。可是，比起学经济学的学生，资深专业财务顾问受到潜意识“启动”承险态度的影响大得多。这一点应该会让养老基金持有人心惊胆战吧？[①]

你以为这些资深专业人士会更为理性地分析吧？可是远非如此。他们未经认真思考，就快速作出反应。从认知的角度来说，他们更多不是做出冷静的决策，而是依赖预感和直觉。而且，他们并不能凭借久经打磨的直觉，做出更明智的决策。相反，经验丰富的专业交易员对自己的预感过度自信，做出的财务决策连学生也不如。[②]亚当·诺伊曼的生活方式是“拼命工作，拼命玩”，管理决策在许多人眼中也是难以捉摸的。因此，他的认知风格似乎是未经认真思考，就快速作出反应。他之所以会形成这种心态，最重要的原因还在于过度自信。

资深人士有权力，而权力会令人过度自信，容易走心理捷径，对风险视而不见。例如，互联网科技泡沫（投资资金流入科技股，推动估值快速上升）在2000年3月份达到高峰，而在随后两年内，科网股估值下跌了80%。1999年，《华尔街日报》报道，在公司名中加入“.com”这个域名

① 吉拉德D.，克利格尔D.. 启动金融决策专业人士的风险态度. 金融评论（*Review of Finance*），2008，12（3）：567－86.

② 阿宾克K.，罗肯巴克B.. 学生和专业交易员的期权定价：行为研究. 管理与决策经济学（*Managerial and Decision Economics*），2006，27（6）：497－510.

后缀，就可以刺激股价上升。①

就像WeWork的情况一样，交易这些股票的理财高手被卷入进过度自信的龙卷风中，等到股价崩盘的冰冷现实降临，才发现落得一地鸡毛。令情况变本加厉的是，由于全球金融市场扩张，小型机构对投资风险做尽职调查的成本高昂。于是，研究发现，他们往往跟随大型投资者的动向。②可是我们看到，比起未经训练的学生，许多领先机构的财务顾问在决策中甚至更容易受到不理性的预感和情绪左右。如果你需要更多证据，可以考虑一下这个事实：研究人员对1982年至1997年间26个国家或地区做的统计发现，一座城市上午的日照时间与证券交易所当天的回报有很大相关性。③即使是上午阳光普照带来的短暂快乐，也会不理性地提振投资者对财务未来的信心。

不过，受过度自信的赢家诅咒影响的，还不只是大型金融机构的交易员。芬兰和其他斯堪的纳维亚国家一样，掌握了公民许多数据。加利福尼亚大学洛杉矶分校（UCLA）和赫尔辛基经济学院（Helsinki School of Economics）在2009年发表了一项研究，统计成千上万的男性公民做股票交易的情况。研究人员分析了这些公民服兵役时接受的评估，把他们对自己才智的评价与实际能力对比，得出过度自信程度，再研究其股票交易与过度自信程度之间的关系。对自己的才智过度自信的男性交易频率要高

---

① 埃姆什威勒J. R.. “.com” 后缀对股价的影响：先升后跌. 华尔街日报，1999年3月3日. [获取和访问路径：https://www.wsj.com/articles/SB920421525958599000] 引用日期：2020年9月1日.

② 卡尔沃G. A.，门多萨E. G.. 理性传染和证券市场全球化. 国际经济学杂志（*Journal of International Economics*）: 2000，51（1）: 79－113.

③ 赫舒拉发D.，沙姆韦T.. 晴天：股票回报和天气. 金融杂志（*Journal of Finance*），2003，58（3）: 1009－32.

得多，顺带一提，根据芬兰的国家记录，吃到的超速罚单也多得多。[①]

可是，业余人士在自己的客厅里做交易，交易越多，平均亏损就越大。2001年的一项研究利用了美国3.5万户家庭的数据，发现在1991年至1997年间，男性的交易次数比女性多45%。因此，男性的年度亏损比女性多50%。[②]

在初创企业也有类似的现象。经济学家对初创企业做了统计，发现75%的企业家创业后，财务状况远远不如上班领工资的时候。[③]事实上，大多数初创企业会以失败告终，那么，为什么还要去做企业家呢？过度自信。过度自信是最强大的火箭燃料，令那些我们称之为企业家的乐观者眼中闪烁着希望的光芒，浑然不顾风险。如果不是有一定程度的过度自信，他们是不会去创业的。大多数初创企业会以失败告终，但少数会取得巨大成功。赌徒赢得大奖的梦想盖过了对风险的理性计算。

诗人T.S.艾略特（T. S. Eliot）有一句著名的诗句，说“人类忍受不了太多的现实”[④]，商界和金融界很多时候都是如此。过度自信的虚张声势可能会埋下灾难的种子，正如拿破仑入侵俄罗斯，亚当·诺伊曼为WeWork制订华而不实的扩张计划，艾利·麦李欧德在阿根廷蒙受羞辱。可是，过度自信带来的盲目乐观和对自己能力的傲慢自大也是人类向未来进军的动力。有时候，只是有时候，过度自信会带来丰厚的回报，“赢家诅咒”不会落到自己头上。

---

① 格林布拉特M.，凯洛哈留M.. 寻求感官刺激、过度自信和交易活动. 金融杂志，2009，64（2）：549－78.

② 巴伯B. M.，奥德安T.. 男孩就是男孩：性别、过度自信和普通股投资. 经济学季刊，2001，116（1）：261－92.

③ 柯林格P.，明尼蒂M.，谢德C.. “我觉得我可以，我觉得我可以”：过度自信和创业行为. 经济心理学期刊，2007，28（4）：502－27.

④ 艾略特T. S.. 四个四重奏（*Four Quartets*），IV，239－242. 纽约：哈考特出版社，1943.

1957年，丹麦建筑师约翰·伍重（Jørn Utzon）赢得了在悉尼海港边上建悉尼歌剧院的方案竞标，项目成本估算为6500万美元（按现值计）。[①]足足16年后，悉尼歌剧院才在1973年10月20日开幕，项目耗资高达10亿美元。丹麦经济学家傅以斌（Bent Flyvbjerg）表示，这是全球预算超支最严重的巨型工程。[②]悉尼歌剧院是规划谬误的绝佳例子。规划谬误是全球各地大型项目要面对的“拦路虎”，过度自信的人士和组织特别容易掉进这个陷阱。信心让你更有掌控感，而过度自信放大了这种感觉，让你低估自己无法控制的项目隐患。

掌控感太强，也会让你对时间表过度乐观。此外，伦敦商学院（London Business School）的研究人员在2008年发现，过度自信的人大脑较少出现“损失厌恶”——也就是比起获取收益，人们更倾向于规避损失的偏好。[③]

大型项目需要大型团队，那么，过度自信的领导人是怎样推翻团队成员务实谨慎的看法的？我们知道，过度自信会让人变得超级有说服力，这是一个原因。另一个原因在于“缄默效应”。在一个组织里，由于上级掌握了权力和支配地位，初级成员即使看到警告信号，也会保持沉默（缄默）。

在2015年发表的一项研究中，研究人员把志愿者随机分配为两人一

---

① 欧文J.. 为什么悉尼歌剧院是全球最严重的规划谬误. 信使邮报（*Courier Mail*），2013年10月22日.[获取和访问路径：https://www.couriermail.com.au/news/why-sydneys-opera-house-was-the-worlds-biggest-planning-disaster/news-story/9a596cab579a3b96bba516f425b3f1a6] 引用日期：2020年9月1日.

② 傅以斌，布鲁塞柳斯N.，罗森加特W.. 巨型工程和风险：剖析雄心（*Megaprojects and Risk: An Anatomy of Ambition*）. 剑桥：剑桥大学出版社，2003.

③ 伊内西M. E.. 权力和损失厌恶. 组织行为和人类决策过程（*Organizational Behavior and Human Decision Processes*），2010，112(1)：58－69.

组，一起解决问题。研究人员在每组中指定一人是主管，一人是员工，主管有权力给员工评价，给予奖励。在一半小组中，研究人员教导主管表现出十分自信的风范，包括与员工有许多直接的眼神接触，挺直腰板，说话流利，做出动作幅度较大的自信手势。在另一半小组中，研究人员教导主管避免与员工有许多眼神接触，不要挺直腰板，并做出其他与信心低迷相关的行为。

结果或许会让你感到意外：比起主管表现不那么自信的小组，主管表现信心满满的小组更难以解决问题。在这些小组中，主管的信心让员工比较拘谨，不敢提出建议和意见。[①]“员工”就算掌握了主管不知道的信息，对问题有独到的见解，还是会保持缄默。

聪明的团队有自己的群体智慧，这不同于每位成员智商的平均数。聪明的团队之所以善于解决问题，关键并不在于每位成员有多聪明，成员之间的沟通交流要重要得多。换言之，整体远比部分之和更加聪明。

卡内基梅隆大学（Carnegie Mellon）的研究人员把志愿者随机分配为40个小组，让他们连续几小时解决一系列费脑筋的问题。研究人员发现，在最聪明的小组里，小组成员的智商并不是最高的；可是，成员善于解读别人的表情，轮流参加讨论，并没有一个人主导整场讨论。从女性比例也能预测小组的聪明程度，不过，这是因为女性往往比男性更善于解读别人的情绪。[②]

过度自信而又有权力的人更有可能主导讨论。如果他们不懂得解读别人表达的情绪，就不能发现别人可能感到恼火、无聊、兴奋、生气、焦虑

① 洛克C. C.，安德森C.. 看起来像领导人的坏处：权力、非语言信心和参与式决策. 实验社会心理学杂志，2015，58：42－7.

② 伍利A. W.，查布里斯C. F.，彭特兰A.，哈什米N.，马隆T. W.. 集体智慧影响人类群组表现的证据. 科学，2010，330（6004）：686－8.

或者在沉思的信号，也就不能把别人带入解决问题的讨论之中。要是团队有成员过度自信，过于强势地担当主导角色，就会让其他成员感到拘谨，难以做出贡献，也就消耗了群体智慧。这样一来，无论过度自信的成员是男是女，都会削弱群体智慧。但平均而言，男性的信心、权力和支配地位比女性更高，也就远比女性更有可能做出这种行为。

可是，打击信心的人际关系在群体中的影响，远不只是某些成员保持缄默、不参与讨论这么简单。2012年，弗吉尼亚理工大学（Virginia Tech）的研究人员测量学生的智商之后，把学生分成不同的小组去解决问题。两个小组的人均智商是一样的。不过，研究人员会告诉一个组的学生个人在小组内的智商排名；而另一个组的学生并不知道自己的个人排名。

结果，比起不知道自己排名、没有负担的小组，知道自己排名的小组变得没那么聪明，解决问题的数量较少。在知道自己排名的学生大脑中，脑额叶左侧外表面的活动较少，杏仁核（焦虑中心）的活动较多。由此可见，打击信心的人际关系不仅会妨碍我们在小组内帮忙解决问题，还会消耗我们的大脑功能。①

我们已经看到过度自信的后果了。可是，过度自信是从何而来的呢？

什么会让人过度自信？

美国前总统唐纳德·特朗普在2019年发过这样的推文："我既好看又

---

① 岸田K. T.，杨D.，卡尔特兹K. H.，卡尔特兹S. R.，蒙塔古P. R.. 小组中的隐含信号及其对认知能力表现和相关大脑反应的影响. 皇家学会的哲学交易B：生物科学（*Philosophical Transactions of the Royal Society B: Biological Sciences*），2012，367（1589）：704－16.

聪明，真正是精神稳定的天才。”[①]他还说过许多类似这样的话，表达出对自己的能力和特质超级自信。过度自信是特朗普的名片。可是，一般来说，过度自信是从何而来的呢？

为了回答这个问题，明尼苏达大学（University of Minnesota）的研究人员在2013年一项研究中，到星期六训练营招募了1000名新手卡车司机，其中大多是男性。研究人员给司机支付报酬，让他们参加智力和人格测试。然后，研究人员让司机估计自己在智商测试中与其他司机相比的排名。你到现在应该猜到了，估计自己排名前20%的司机占比远远超过20%，所以在统计学上是不可能的。[②]这个错觉有多大，跟人格有很大关系。那些在“领导能量”这个人格维度得高分的人，在以下这些特质上给自己评分更高：果断有力；具有说服力，喜欢影响他人；享受或者会享受领导角色；喜欢受关注，成为众人瞩目的焦点。喜欢引人注意、支配别人，喜欢做主，有说服力，强大——总之就是做领导者。

就连在“领导能量”上得分低于平均水平的卡车司机，也对自己的智力过度自信，其中33%的人估计自己排名前20%。而那些咄咄逼人、支配欲强、喜欢影响他人的司机中（也就是那些会用力拍你的背，问也不问就给你的咖啡加奶油的家伙），55%的人估计自己的智力排名前20%。[③]

具有另一组人格特征的人，对自己的智力没那么过度自信。这些人格特征包括：对别人的批评比较敏感，紧张，容易内疚，容易担忧，敏感

---

① 卡明斯W.. 特朗普发推文抨击2020年民主党人，说自己“既好看又聪明，真正是精神稳定的天才”. 今日美国（*USA Today*），2019年7月11日.

② 伯克斯S. V.，卡彭特J. P.，戈特L.，鲁斯蒂奇尼A.. 过度自信和社会信号. 经济研究评论，2013，80（3）：949－83.

③ 特勒根A.，沃勒N. G.. 通过测验编制探索人格：发展多维度的人格问卷 // 博伊尔G. J.，马修斯G.，萨克洛夫斯克D. H.（编辑）. SAGE人格理论与评估手册：第2卷（*The SAGE Handbook of Personality Theory and Assessment: Vol. 2*）. 纽约：赛吉出版公司，2008：261－92.

脆弱。

这些人格特征是怎么来的呢？跟大多数行为一样，是先天和后天的结合。麻省理工学院的研究人员发现，比起异卵双胞胎，同卵双胞胎的过度自信程度更为相似，即使是分开抚养长大的双胞胎也不例外。不过，生活经验也会产生重大影响。[①]然而，这些基因差异即使出生时不大，出生后日积月累，也会产生很大影响。例如，有些新生儿的气质比较安静，有些则更爱哭一点、睡觉不安稳，等等。要是父母对孩子的情绪产生负面反应，久而久之，可能会令孩子的行为恶化，而父母的反应越来越负面，导致多年里双方以牙还牙，陷入恶性循环。

或许在新生儿身上，气质只有非常微小的遗传差异，但最终成长为成年人之后，情绪差异却极大。或许有些人会由此推断，成年人的情绪主要是基因决定的，但事实上，这类似于我们在第四章打的比方：信心就像复利。一开始只有小小的差异（也就是我们在这里说的基因），但要视环境怎样做出回应而定，差异会逐渐放大，优势（或劣势）日积月累，最终得出了这样的结果。

我们在“信心就像复利”这个比方中看到，一开始只有小小的差异，但由于起初的优势带来好处，由此产生进一步的优势，如此类推，在一个累积的周期中，会显著放大原本微小的差异，多年后形成巨大鸿沟。男孩和女孩一开始遗传而来、与信心相关的早期气质差异是很小的，但由于这些行为产生的累积优势（或劣势），其发展可能产生类似的复利效应。我们在第七章中看到，世人对女性与男性的刻板印象、期望和看法存在早期差异，随着时间的推移，一开始小小的遗传差异会得到系统性放大。

---

① 切萨里尼D.，利希滕斯坦P.，约翰内松M.，华莱士B.. 过度自信的遗传度. 欧洲经济学会杂志（*Journal of the European Economic Association*），2009，7（2－3）：617－27.

过度自信的一个来源是人格，以及想要支配别人的动机。可是，只有这种人能够取得自己想要的地位，其人格特征才会充分展现出来。

地位追求

一个人何必要过度自信呢？你或许会想，如果所有人都诚实准确地评价自己的能力，生活不是轻松多了吗？何必要投入这么多精力过度推销自己呢？

原来，过度自信似乎是管用的，起码在一定程度上是管用的。过度自信的人可以让别人听自己的话，做自己想要做的事情。可是，人们为什么要听一个吹牛者的话呢？为了回答这个问题，研究人员在实验中，让大学生参加美国地理测试，但完成以后，并没有把分数告诉他们。接下来，学生得自行评估自己与同学相比的测试成绩，由此可以得出每位学生有多么过度自信/信心不足。然后，学生被分为两人一组，回答更多地理问题。两人就回答达成一致意见之后，必须私下评价队友对美国地理有多么擅长。此外，学生还要评价队友在领导力、影响力和对任务的贡献方面，应该得到怎样的地位和尊重。

过度自信的人得到了怎样的影响力评价？评价非常高。他们凭借过度自信，蒙骗了队友，让对方相信自己非常厉害。[①]不仅如此，队友还因此给予他们更高的地位评价。

同样地，研究人员做了第二项研究，招募了工商管理硕士（MBA）学生，把他们分为五六人一组，在为期7周的课程中合作开展项目。研究目的是看一下过度自信在现实生活中是否有同样的影响。

---

① 安德森C.，布里翁S.，穆尔D. A.，肯尼迪J. A.. 论过度自信可提升地位. 人格与社会心理学杂志，2012，103(4)：718－35.

这243名工商管理硕士（MBA）学生需要填写一份“夸大问卷”，问卷用于衡量一个人的吹牛倾向。他们阅读从文学、历史和科学中抽取的词汇或名字，给自己对每一个词的熟悉程度打分（以0～6分计）。可是，跟青少年参加的数学测试一样，研究人员在每个类别中偷偷掺入了几个虚构的词。例如，在科学类别，在“曼哈顿计划”“星云”“板块构造”这些真实术语之间，掺进了“氯拉宁”“超级脂肪”“视差板”这些虚构的词。

在这个为期7周的项目开始和结束时，小组每位成员都会私下给其他成员对团队决策有多大影响打分。这个评分对现实生活是有影响的，其他成员对一个人的评分，会计入这个人实际的课程得分。果然，比起不爱吹牛的人，过度自信的吹牛者在影响力和地位方面得分更高。

过度自信的人是怎样蒙过其他人，得到更高地位的？为了探究这个问题，研究人员找出在同学眼中非常自信的学生，把他们的行为与其他学生的行为相比较。结果并不令人意外。如果一个学生说话更多，口吻自信，好像在陈述事实，同学就会认为这个人更有能力。如果这个人坐着的时候舒展身体姿势，更积极回答问题，对自己的意见表示肯定，这种印象就会进一步加深。

有多少求职者过度自信拿下工作，令面试官高估自己的能力？又有多少求职者没有吹牛，通不过面试（女性比男性多得多）？我们在上文中看到，平均而言，男性比女性更加过度自信。信心是成就的燃料添加剂，多年来为男性积累了不少好处。地位、权力和财富往往会令人更加过度自信。

我们能否制订更完善的评估和监控流程，找出这些吹牛者，让自我评价更为准确的谦虚人士更容易获得影响力呢？2013年的一项研究发现，难度很大。宾夕法尼亚大学的研究人员证实，在解决问题的小组中，队友往往会认为过度自信的参与者更有能力，给予他们更高地位。可是，如果研究人员向全组人公布这些过度自信的人的实际表现得分呢？这会不会打破有能力的错觉，让他们的地位降下来呢？结果发现，不会的。即使研究人员向全组人公布这些过度自信的人的实际能力，也不会改变他们的地位。他们仍然是地位较高、影响力较大的成员，会得到队友的尊重。[①]

这跟我们在当今政坛看到的现象简直如出一辙。做做样子，就能够带来地位和权力，效果可能远远胜过单凭能力和成就。为什么会这样？

研究发现，过度自信并不能反映一个人的实际能力，而更能反映一个人能否取得较高的地位。披上过度自信的外衣，你就能抬高自己，享受更高地位带来的特权，包括尊重、影响力和权力。在现实世界中，这些宝贵资源是可以套现的，能形成成功的自证循环。一旦一个人把靠着过度自信骗来的赃物销赃了，实际能力和假装之间的差距就变模糊了。凭着夸大自己的能力（吹牛），他（当然，主要是他）会获得尊重、影响力和权力。他的过度自信得到了丰厚的回报。

在过度自信成为自证预言之前的这段时间，我们可以看到现实与假装之间的差距。像诺伊曼的情况一样，过度自信经常会带来好处，但也不是打包票的。要是管用了，也像诺伊曼的情况一样，可以（在一段时间里）创造出自己的现实。一个人要是靠着吹牛得到地位、权力和财富，只要弄到手，就不再是一厢情愿的幻想，而成为现实了。

宾夕法尼亚大学的研究说明了这种方法为什么会管用。比起现实，人们有时似乎更在意外表。即使吹牛者暴露了真面目，大家也漠不关心。只要能够吹牛和做出自信的样子，就能够取得地位，让人误以为自己有能

① 肯尼迪J. A.，安德森C.，穆尔D. A.. 向其他人公布过度自信的人的实际能力：测试过度自信可提升地位的理论. 组织行为和人类决策过程，2013，122(2)：266－79.

力。其中一个原因在于过度自信的陷阱。声音洪亮、眼神接触、舒展的身体姿势、斩钉截铁的话语，这些都是支配的原始信号，可以绕过我们大脑中的理性回路。你在一个小组中开始与陌生人合作时，大脑中的理性回路会忙于两个任务：一是完成小组活动；二是弄清楚队友对你有什么看法（第二点要重要得多）。

你有意识的理性思维能力是有限的。一旦理性思维忙于手头的任务，你就会盲目接收过度自信的人发出的信号，原始的支配关系就此建立。不管吹牛者的实际表现如何，这种支配关系都会赋予吹牛者更高的地位。无论是对吹牛者还是（很重要的一点）对周围的人来说，地位就是筹码。

不管过度自信的人是怎样得到地位的，只要有了地位，过度自信的人就掌握了社会奖赏的来源，可以把社会奖赏分配给群体内其他人。有人喜欢跟有地位的人扯上关系；看到其他人对地位高的人言听计从，也会以此判断地位的归属，从而强化自己的看法。

这就是社会攀升和地位追求背后的原理。光是与地位高的人接触，你就会觉得自己能沾点光。因此，大家见到名人，就会蜂拥而至。他们争相与名人接触，也不指望得到什么实实在在的好处，只是为了接触有地位的人，沾点光。因此，过度自信这种行为模式能带来丰厚的回报。过度自信的行为可以骗到别人，让人给予你地位。地位到手了，基本上就稳固了，即使你的无能暴露无遗，也不会失去地位。因此，这种行为可以带来很大的好处。

过度自信让你在别人眼中有了地位。而权力会随之而来。

过度自信与权力

2017年9月底，美国航空公司（American Airlines）首席执行官道格·帕克（Doug Parker）与华尔街分析师会面，讨论航空业的未来。他是这么说的："我觉得，我们再也不会亏损了……无论市场是景气还是萧条，航空业都会盈利。" 30个月后，受新型冠状病毒疫情影响，美国航空公司大批飞机停飞。帕克只好游说美国政府，申请紧急援助。最后，美国航空公司获得58亿美元救助。

你或许会以为，这位航空业泰斗从未遇到过这样的危机，所以猝不及防。但事实并非如此。在他发表这番言论之前仅仅4年，他两度破产的前雇主全美航空（US Airways）才向美国航空注资，帮助后者完成债务重组，将其从破产保护中解救出来（根据破产法第11章）。两家航空公司合并，成立了新公司。他曾担任美国西部航空公司（America West Airlines）的首席执行官，而在20世纪90年代，这家公司有3年时间处于破产保护状态。因此，航空业的盈利能力有多么脆弱，道格·帕克是有亲身体会的。那么，他怎么会说出"我觉得，我们再也不会亏损了"这样的话呢？

在道格·帕克发表惊人言论一周后，《福布斯》记者丹·里德（Dan Reed）克制地表示怀疑，撰文表示，总会有一些事件对航空业造成冲击，无论是火山爆发、核电厂事故、重大的恐怖主义袭击、战争……还是航空业总会面临的林林总总的威胁。里德断言，总会有什么事情发生的。[1]

这话一语成谶。新型冠状病毒疫情暴发了。

一个是收入平平的记者，一个是拿着8位数薪水的高管，为什么记者做出的情景评估，居然会远比高管更加切合实际呢？帕克为什么会有这么离谱的过度自信，犯下这样的错误？

---

① 里德D.. 航空公司再也不会亏损了？美国航空公司首席执行官无视历史，夸下海口. 福布斯，2017年10月4日.

这里面至少有两个解释。一个是，帕克是拿钱办事，是董事会叫他这么说的。他向华尔街分析师推介，希望对方会买入公司股票。我们都知道，过度自信的人具有说服力，可以"买到"尊重、影响力和地位。第二个解释是权力。

权力是世上能改变大脑的一个强大作用剂，一个人掌握的权力越大，效力就越强。权力是控制他人欲望、需求或恐惧的能力，而在一家大型公司担任首席执行官，领取高薪，就掌握了权力。权力会让你把注意力和记忆集中在奖赏上，而缺乏权力会让你把注意力和记忆集中在潜在的惩罚上。权力会让大脑奖励网络中与多巴胺相关的活动增加，让你自我感觉良好、乐观和充满动力。

缺乏权力会让你心情低落，失去动力。权力会让你的注意力范围缩小，关注当前的目标。反之，缺乏权力会让你的注意力范围扩大，四处留意有没有威胁。当你有了很大权力，自我觉察力、同理心和焦虑程度都会下降。反之，当你缺乏权力，自我觉察力、同理心和焦虑程度都会上升。

跟大脑许多神经递质系统一样，多巴胺有一个钟型曲线，也就是说，多巴胺过多过少都会扭曲你的大脑功能。有些人掌握了权力之后（如果权力极大，许多人都会如此），大脑奖励网络中与多巴胺相关的活动会过多，扭曲了判断力，甚至放大了人格特征，让这些人变得更加自恋。自恋的人会高估自己的意见和判断，事事以自己的利益为先，过度乐观，只关注目标和奖赏，而忽略了风险。[①]

以上这些都是过度自信的特征，而权力是造成过度自信最大的原因之一。我不知道道格·帕克有没有做出这些行为，但有一点是肯定的。他说

---

① 罗伯逊I.. 胜利者效应：权力如何影响我们. 伦敦：布鲁姆斯伯里出版社，2012.

出“我觉得，我们再也不会亏损了”这样的话，是对航空业风险的惊人误判。他一味地关注成功，好像忘了可能发生的坏事。在他乐观的心境中，坏事的记忆休眠了，不便提取。

我们把这样的误判称为过度自信。这是他个人魅力和领导能力的源泉，让他能够鼓舞和说服他人。没有过度自信，他也坐不上这个位置。对帕克和他的公司来说，过度自信是管用的——直到某一天，开始失灵了。

有些人可能会说，人生在世，不能老想着灾难可能随时降临。新型冠状病毒疫情是罕见的事件，我们不能因为害怕而束缚了自己。我们应该保持乐观，兴高采烈地乘着过度自信的波浪前进。可是，不少人对疫情早有预测。例如，新型冠状病毒疫情暴发之前3年，微软（Microsoft）创始人比尔·盖茨（Bill Gates）在达沃斯召开的世界经济论坛上，先知先觉地发出警告。[①]对于这个很多人预测到的风险，全世界居然还是毫无准备，这反映出政治领导人和道格·帕克等商业领袖一再表现出来的乐观和过度自信。

普通的信心是宝贵的资产，它不可避免地会带来一些不切实际的过度自信。但我们很难不得出一个结论：高度的过度自信会对这个世界造成很大损害。信心是一把双刃剑。可是，信心对于生活又是至关重要的，尤其是经济生活。

① 盖茨B.. 比尔·盖茨警告人类小心致命流行病. 商业内幕（*Business Insider*），2017年1月22日. [获取和访问路径：https://www.youtube.com/watch?v=jDxb21qIilM] 引用日期：2020年9月2日.

The Confident Economy

Chapter 10

第十章

信心与经济生活

第十章 | CHAPTER 10

在伦敦海格特山（Highgate Hill）的一个基座上，坐着一只石猫。它神色警惕，蓄势待发，好像突然察觉到老鼠的动静。这只捕鼠猫确实不同凡响，流传下来一个与信心经济相关的传说。

据英国民间故事所述，猫的主人迪克·惠廷顿（Dick Whittington）是乡下的穷小子，听说伦敦的街道是用金子铺成的，心生向往。来到伦敦之后，他做了仆人，才发现大城市生活的残酷。他做着苦役，受到其他仆人粗暴对待，居住环境还满是寄生虫，生活艰难。于是有一天，他决定回家。在回家的路上，他听到圣玛丽·勒博教堂的钟声敲响了，好像在呼唤他回去。受到感召，他回到了自己居住的阁楼。

故事中迪克转身回去的路边，就是现在这只石猫坐着的地方。他做出了幸运的决定。他的雇主是一名富商，这时坐着满载贵重货物的货船出海，而迪克的猫在船上负责抓老鼠。船到了摩尔人居住的地方，国王看中了这只猫抓老鼠的本事，出了大价钱把它买下来，猫的价格甚至比整艘船的货物价值还要高。这只猫为商人带来了大笔财富，他非常高兴，慷慨地与迪克分享。后来，迪克当上了伦敦市市长。

迪克·惠廷顿曾听说伦敦的街道是用金子铺成的，原来这话也没有错，至少可以这样比喻。这个说法不仅适用于伦敦，还适用于大多数大城市。城市规模越大，铺就的黄金就越多。城市越大，往往就越有钱，越有创造力（例如以专利申请量计）；所带来的好处会呈现指数式上升趋势，不成比例地增长。[①]

如今，城市人口已占到世界人口的55%，还有越来越多人涌入其中。预计到2050年，将有三分之二的人口居住在城市。[②]全球各地的现代版“迪克·惠廷顿”究竟为什么会决定抛开小镇宁静的生活，去换取大城市喧嚣嘈杂的生活呢？毕竟，大城市里不仅充满了财富和创造力，还充斥着犯罪和贫穷。

20世纪70年代，我第一次到访美国，惊讶地看到路上居然有那么多U-Haul租赁拖车。一辆辆汽车后挂着迷你车厢，上面满载着椅子、灯罩和玩具，在高速公路上摇摇摆摆地前进。一个个家庭满怀着对未来的憧憬，开车奔赴西部、东部、南部或北部。他们经过没有窗户的巨大库房，存放好不便运输的物品，直到在新城市安顿下来为止。

你让欧洲人迁居50英里，他们会犯嘀咕。但许多美国人为了更好的工作，会远迁1000英里，在北美大陆来回穿梭，在人生地不熟的地方安家。经济学家把这种现象称为“劳动力流动”，这也是美国经济如此强大的原因之一。不过，在40岁的美国人中，大多数（56%）还住在14岁时居住的同一座城市。即使是有大学学位的人中，这个数字也高达40%。[③]那么，这些“迪克·惠廷顿”究竟是谁？他们为什么会如此勇敢地奔赴他

① 贝当古L. M.，洛博J.，斯特鲁姆斯基D.，韦斯特G. B.. 城市规模扩大及其偏差：揭示各个城市的财富结构、创新和犯罪. 公共科学图书馆：综合，2010，5（11）：e13541.

② 里奇H.，罗泽M.. 城市化. 用数据看世界（*Our World in Data*），2018；2019年11月更新. [获取和访问路径：https://ourworldindata.org/urbanization] 引用日期：2020年9月23日.

③ 德·拉·罗加J.，奥塔维亚诺G. I.，普加D.. 梦想之城. 伦敦经济学院的经济表现中心，2014. 报告编号：2042－2695.

乡，走出令人眼花缭乱的流动曲线呢？

青春和教育很可能是推动劳动力流动的动力。有一项研究统计了美国人口流入大城市的迁移情况，就发现了这一点：迁移到大城市的年轻人比老年人更多，有大学学位的人比没有大学学位的人流动性更强。①不过，或许有人会想，能力（尤其是智力）应该是更重要的因素。

我们可以根据一个人的才智预测生活中的许多事情，从工作、健康到寿命，都与之相关。可是，研究人员翻查了美国“全国青年纵向研究”（National Longitudinal Study of Youth）这项大型研究的数据，发现流动性与才智无关。这项研究测量了6000名19岁年轻男女的认知能力，然后跟踪他们接下来的生活，看他们是留在家乡，还是为了发展职业生涯而离乡别井。结果发现，搬到大城市的人未必是最聪明的人。研究人员还找到了另一项因素：自信。

不管智力水平如何，更为自信的年轻男女倾向于搬到大城市，平均而言，变得比留在家乡的人更有钱、更成功。聪明却缺乏自信的人会安守现状，而能力没有那么强却更加自信的朋友会敢于到外地闯一闯。他们全心投入大城市的旋涡之中，探索全新的想法、人脉、机会、体验和人际关系。在这些因素的推动下，他们的财富和专业知识加速增长，达到留在家乡（经常还更加聪明）的朋友和兄弟姐妹不可企及的高度。

自然，有些人会遇到大城市里常见的问题，包括孤独、成瘾、家庭关系破裂、犯罪，等等。可是显而易见，这个世界上的“迪克·惠廷顿”是乐观者，我们知道，乐观是自信的姐妹。抱着这样的心态，他们不太会期望失败，而更会去期望成功。

---

① 麦考密克B.，沃赫拜J.. 为什么最不发达国家受过教育的年轻人集中在大城市？来自迁移数据的证据. 经济学刊（*Economica*），2005，72（285）：39 - 67.

不过，这个超级添加剂必须及早获得。如果更有才能却留在家乡的人过了几年才鼓起勇气，跟随其他人来到大城市，他们是赶不上的。早早搬到大城市的人已经享受到成功的复利，以及大城市提供的指数式增长机会。这跟童年的信心是一样的道理。比起同样有能力但缺乏信心的同学，更有信心的学生会与之拉开距离，双方的差距会越拉越大、不可逆转。

复利效应在内部（头脑）和外部（技能、经验、接触面、资源、人脉和财务状况）都发挥作用。这些初生牛犊不怕虎的年轻人自信地搬到大城市，信心得到了回报：成功创造成功，从而孕育信心，而信心又会埋下更多信心的种子。这是职业生涯的燃料添加剂，会给人创造无与伦比的价值，让人终身享受到复利效应。

无论是购物中心的顾客还是公司的采购经理，自信的人更多地把注意力集中在决策的潜在收益，而非风险上。因此，在这个纷繁复杂的世界，他们更有可能去注意令人乐观的积极方面，而不太会留意令人悲观的消极方面。自信的人更愿意做出投资，因为面对不确定的未来，会重点关注信心的“会发生”层面。不自信的人会更多地关注潜在风险，更有可能把钱存起来，而不是花出去。

换言之，在一个经济体系中，个人信心的“会发生”层面应该可以促使经济增长，形成这样的良性循环：信心造就了经济成功，从而又提振了信心。这是有证据支撑的。例如，2000年至2014年间，在13个欧盟国家（时年包括英国、德国、法国和西班牙等国家），个人消费者和公司高管的信心能够在很大程度上预测每个成员国的失业率。这是单向的关系：个人信心能够预测最终的失业率。其他因素（例如消费者开支和工业生产）与信心之间存在双向的因果关系，彼此相辅相成。[①]

我们知道，更有信心的人更有可能创业。[②]在有专利的发明家中，更有信心的人更容易找到企业把专利商业化。[③]亚利桑那州立大学（Arizona State University）的研究人员在2011年发现，公司要是能增强员工的信心，就能提高生产力。[④]

既然信心这么重要，那么在国民经济中，在几百、几千乃至几百万人心中，信心又是如何运作的呢？

你的生活是蒸蒸日上还是处于挣扎状态

想象一段从0级到10级的阶梯，阶梯底部是0级，最高的梯级是10级。

想象一下：10级代表"现实生活中你有可能达到的最佳境况"，0级代表"现实生活中你有可能处在的最差境况"。

现在想一下你的生活。你感觉自己目前处于哪级阶梯？

想好了吗？现在再想一下：你感觉自己大约5年后，会处于哪级阶梯？

这些问题出自于"坎特里尔阶梯量表"（Cantril Scale）。[⑤]盖洛普（Gallup）采用这个量表，在全球160多个国家或地区调查人们的幸福感

---

① 德米雷尔S. K.，阿尔坦S.. 经济信心与基本宏观经济指标之间的因果关系：来自部分欧盟国家的经验性证据. 国际经济学与金融问题杂志（*International Journal of Economics and Financial Issues*），2017，7（5）：417－24.

② 陈C. C.，格林P. G.，克里克A.. 创业自我效能是企业家和经理的区别？. 商业风险期刊（*Journal of Business Venturing*），1998，13（4）：295－316.

③ 马尔克曼G. D.，巴尔金D. B.，巴伦R. A.. 投资者和初创企业成立：一般自我效能和后悔思维的影响. 创业理论与实践（*Entrepreneurship Theory and Practice*），2002，27（2）：149－65.

④ 彼得森S. J.，卢桑斯F.，阿沃利奥B. J.，瓦卢姆布瓦F. O.，张Z.. 心理资本和员工绩效：潜变量增长模型方法. 人事心理学（*Personnel Psychology*），2011，64（2）：427－50.

⑤ 坎特里尔H.. 人类关心的模式（*The Pattern of Human Concerns*）. 新泽西州新不伦瑞克：罗格斯大学出版社，1965.

和满意度。[1]

你选择了哪两个数字？如果你对目前的生活选择了7级或以上，对5年后的生活选择了8级或以上，那么，你的生活是蒸蒸日上的。

如果你对目前的生活选择了5级或6级，或者对5年后的生活选择了5级、6级或7级，那么，你的生活可能处于挣扎状态。

如果你对目前的生活选择了4级或以下，对5年后的生活选择了4级或以下，那么，按照盖洛普研究人员的划分标准，你就处于困苦阶段。

如果你的生活蒸蒸日上，你往往会更健康、更有钱，没有那么多担忧、压力或悲伤。你也不太会生气，会更加快乐，会感到更受尊重。比起盖洛普其他分类的人，你更少生病，更享受生活。

如果你处于挣扎状态，你会更有压力，会为钱发愁，请病假的次数是生活蒸蒸日上的人的两倍以上。你更有可能吸烟，也养成了不健康的饮食习惯。

如果你处于困苦阶段，你会缺乏食品或住房等生活必需品，身体疼痛，压力很大，时常担忧、悲伤和生气。你更有可能患上慢性疾病，长期感到抑郁。[2]

我们在第三章中讨论过，2016年英国“脱欧”，举世震惊。全球专家中很少人预料到这个结果。不过，为他们说一句公道话，从大多数经济指标中，都看不出会有政治动荡。英国国内生产总值（GDP）按年增长2%，失业率跌至4.9%。情况似乎不错。可是，从盖洛普调查中可以发现端倪。盖洛普对全球160多个国家或地区展开年度调查，其中，也捕捉到了英国

---

① 哈特J. K.，格利V. F.. 测量美国人的幸福感. 心理科学学会观察者（*Association for Psychological Science Observer*），2008年9月1日，21（8）：23－6.

② 奥尔蒂斯－奥斯皮纳E.，罗泽M.. 快乐和生活满意度. 用数据看世界，2013. [获取和访问路径：https://ourworldindata.org/happiness-and-life-satisfaction] 引用日期：2020年9月2日.

人的心情。

盖洛普的研究人员在屏幕上显示的图像看到，经济指标稳步上升。2013年，英国人均国内生产总值为38873美元，到2015年，已经增长至41478美元，增幅接近7%。这是经济学家都会看好的数据。可是，研究人员追踪另一幅图像时，大跌眼镜。英国是世界上最富裕、最发达的国家之一，几乎充分就业，经济持续增长。但盖洛普的研究人员惊讶地发现，有一条线在2013年至2015年间急剧下降，是盖洛普有史以来在任何国家观察到的最大两年跌幅，那就是“蒸蒸日上—挣扎状态—困苦阶段”图表。①

2013年，大多数英国公民（55%）感觉自己的生活蒸蒸日上。这个数字略低于美国的水平（59%），但远高于俄罗斯（只有25%的公民感觉自己的生活蒸蒸日上）。

哥伦比亚虽然不富裕，却有59%的公民在2013年感觉自己的生活蒸蒸日上。考虑到我们在第四章中看到的“快乐的拉丁美洲人”现象，这个结果并不令人意外。在印度，这个数字是13%。

可是在英国，这个数字在短短两年内，就从55%下跌至40%。也就是说，大约700万人突然失去了信心。英国是全球最富裕的国家之一，而公民的信心居然会出现这样的暴跌，是十分惊人的。这对于事关重大的2016年英国“脱欧”公投结果来说，无疑也是一个警告信号。

那么，为什么那么多人的生活满意度会急转直下呢？许多报道认为，移民是刺激英国“脱欧”公投的一大因素。可是，在2013年至2015年间，移民到英国的人数变化并不大，并不足以解释公民的幸福感和对未来的信心发生的剧烈变化。也有许多人把英国“脱欧”公投归咎于“全球化”。

① 克利夫顿J.. 你的国家为变化做好准备了吗？. 盖洛普，2017年10月20日. [获取和访问路径：https://news.gallup.com/opinion/gallup/220712/country-ready-change.aspx] 引用日期：2020年9月2日.

可是，在这两年间，全球化效应并未突然出现倾斜。恰恰相反，国内生产总值增长，失业率下降。

可是，正是在这短短的两年内，有一点确实发生了重大变化。那就是英国保守党政府实施削减公共开支的财政紧缩政策。2010年，戴维·卡梅伦政府开始削减公共开支。在2013年至2015年间，教育、福利和社会保障方面的公共开支跌至低谷，700万人的信心大幅下跌。①

在英格兰北部和中部的小城市和城镇，当地经济非常依赖地方政府和国家提供的就业岗位。因此，虽然国民经济表现很好，但地方公共开支大幅度削减，还是侵蚀了民众对未来的信心。例如，社区服务警察负责巡逻街道，给民众带来安全感。而在2010年之后，社区服务警察人数减少了40%。在全国范围内，警察人数下降了15%，也就是减少了2万多人。②

这700万人的心理遭受打击，趁着公投的机会，就想给政府一点颜色瞧瞧。即使英国民众原本根本没把“脱欧”当成政治议题，即使英国政府实施削减开支的紧缩政策，打击民众的信心，其实与欧盟毫无关系，他们还是投票赞成“脱欧”。

同年，在大西洋彼岸，发生了另一件重大政治事件——唐纳德·特朗普当选美国总统。就像英国“脱欧”一样，大选前的民意调查也没有预测到这个结果。我们也不能用经济突然恶化来解释，美国人均国内生产总值从2013年的52742美元上升至2016年的57436美元。可是跟英国一样，感觉自己的生活蒸蒸日上的美国人突然减少了大约3000万，占比从2014

① 费策尔T.，贝克尔S. O.，诺维D.. 紧缩政策、移民还是全球化：英国“脱欧”是可预测的吗？. 社会市场基金会（*Social Market Foundation*），2018年11月. [获取和访问路径：http://www.smf.co.uk/wp-content/uploads/2018/11/SMF-paper-austerity-immigration-or-globalisation-1.pdf] 引用日期：2020年9月2日.

② 施雷尔R.. 警察人数下降了吗？. BBC新闻，2019年7月26日. [获取和访问路径：https://www.bbc.com/news/uk-47225797] 引用日期：2020年9月2日.

年的59%跌至2016年的50%。[①]此外，正是此前4年间幸福感和信心跌幅最大的那些州，转而支持唐纳德·特朗普的选民最多。[②]

同样是在2014年至2016年两年间，美国人均预期寿命缩短了，这对于一个富裕国家来说，几乎是近年来从未有过的。[③]一个原因在于阿片类药物成瘾和过量服用导致的死亡率急升，因阿片成瘾死亡的人数从2014年的4.7万人上升至2016年的6.3万人。

英国和美国究竟发生了什么事情，为什么会有这样的变化呢？

伊斯特林悖论

长久以来，经济学家都假定财富和幸福感是息息相关的。可是在1972年，理查德·伊斯特林（Richard Easterlin）提出了石破天惊的“幸福悖论”，也就是现在著名的“伊斯特林悖论”。他发现在一些国家，财富和幸福感是脱节的。以美国为例，在1972年至2016年间，财富增长了1倍多，可是国民平均幸福感略有下降。[④]英国和美国政坛出现震荡之前，我们都看到了这样脱节的现象：财富明明在增长，幸福感却在下降。700万英国人对未来的信心减弱，在2016年6月引发政治变局：英国公民以51.9%对48.1%的投票比例通过了“脱欧”公投。“脱欧派”以微弱优势胜出，与公投前的预测不符。

---

① 目前的快乐是怎样预示未来的世界的. 盖洛普, 2017. [获取和访问路径：https://news.gallup.com/reports/220601/what-happiness-today-tells-us-about-the-world-tomorrow.aspx] 引用日期：2020年9月2日.

② 赫林J.，威特斯D.，罗伊B.，赖利C.，刘D.，克鲁姆霍尔茨H. M.. 人口幸福感和选举转变. 公共科学图书馆：综合, 2018, 13（3）:e0193401.

③ 萨克斯J. D.，莱亚德R.，赫利维尔J. F.. 世界快乐报告, 2018年3月14日. [获取和访问路径：https://worldhappiness.report/ed/2018/] 引用日期：2020年9月2日.

④ 萨克斯J. D.，莱亚德R.，赫利维尔J. F.. 世界快乐报告, 2018年3月14日. [获取和访问路径：https://worldhappiness.report/ed/2018/] 引用日期：2020年9月2日.

大多数经济学家已经确认，“脱欧”并不符合英国人的经济利益。那么，除了政府削减公共开支导致社会结构变弱之外，还有什么因素导致民众投票赞成“脱欧”呢？英国研究人员发现，有两个关键的心理因素可以预测一个人支持“脱欧”还是“留欧”。首先，在奈杰尔·法拉奇（Nigel Farage）等民粹主义领导人的悉心宣传下，一些英国人感觉到来自境外的威胁。例如，法拉奇曾经说过许多类似于这样的话：“英国国家医疗服务体系为治疗结核病花了好多钱，而这种病在很大程度上是南欧和东欧传来的。”①

你或许会以为，抱有这种态度的人是特别坚定的英国民族主义者，对英国身份特别认同。但事实并非如此。从一个人是不是民族主义者，并不能预测这个人是否投票赞成“脱欧”。可以预示投票赞成“脱欧”的，是一个人对欧洲身份的排斥。林肯大学（University of Lincoln）的研究人员在2017年发现，投票赞成“脱欧”的人对欧洲身份的排斥感，要比对英国身份的认同感强烈得多。②

这能否在一定程度上解释为什么在经济增长的环境下，人们还是感到不快乐，缺乏信心呢？从英国“脱欧”研究中发现的身份问题，对伊斯特林悖论有没有什么启示呢？

美国人的健康状况、幸福感和信心下跌，甚至人均预期寿命缩短，有一个值得注意的特征，那就是这主要只限于一类人：没有大学学历的美

① 温特P.. 奈杰尔·法拉奇捍卫阻止艾滋病毒感染者移民获取英国国家医疗服务体系护理的计划. 卫报，2014年10月10日.

② 范·德·维弗J.，莱特A. C.，艾布拉姆斯D.，帕尔默S. B.. 英国“脱欧”还是“留欧”？欧盟公投投票决策的个人和社会分析. 社区与应用社会心理学杂志（*Journal of Community & Applied Social Psychology*），2018，28（2）：65－79.

国白人。在1999年至2013年间，这类人开始比预期更早死去。[①]研究人员安格斯·迪顿（Angus Deaton）凭借在这方面的研究工作，荣膺诺贝尔经济学奖。他估计，在这14年里，由于人均预期寿命由升转跌而死亡的人数达到50万。这是放大版的伊斯特林悖论。这个发现的惊人之处在于，美国有些人口类别的客观经济状况甚至比没有大学学历的美国白人更差，却没有出现人均预期寿命缩短的情况。西班牙裔美国人和美国黑人与全球大部分地区的人口一样，人均预期寿命是上升的。随着人均预期寿命上升，他们的幸福感、快乐程度和信心也在增长。[②]

比起西班牙裔美国人，受教育程度不高的美国白人感觉到更大的财务压力。其实平均而言，他们更加富裕，却会感觉到自己更穷。这也是我们在第四章中讨论过的银牌效应。我们跟谁比较，决定了我们有多快乐。

视乎你选择跟谁比较而定，也可以决定你是富裕还是贫穷。没有大学学历的美国白人通常会与自己的父母和祖父母辈比较。这两代人经历了以制造业为核心的传统生产性行业的黄金时代，比起其他族群的人，蓝领阶层的白人过得很好。随着全球化和技术革新到来，传统重工业萎缩。加上其他几个因素，这削弱了白人蓝领工人相对优越的经济地位，让他们感觉比自己的父母和祖父母辈更穷。西班牙裔美国人和美国黑人通常也会与自己的父母和祖父母辈比较。而这两代人客观上往往比他们的孩子更穷。所以，相对而言，与失去优越经济地位的美国白人相比，他们感觉没有那么穷。感觉自己是富裕还是贫穷，跟实际上是富裕还是贫穷同样重要。

---

① 凯斯A.，迪顿A.. 21世纪美国非西班牙裔白人的中年发病率和死亡率上升. 美国国家科学院院刊，2015，112（49）：15078 - 83.

② 马基内M. J.，马尔多纳多Y.，兹拉塔尔Z.，穆尔R. C.，马丁A. S.，帕尔默B. W.，等. 西班牙裔和非西班牙裔白人社区长者的生活满意度差异. 老龄与心理健康（*Aging & Mental Health*），2015，19（11）：978 - 88.

在英格兰和威尔士的"脱欧"公投中，也出现了类似的现象。[①]重工业衰败，蓝领阶层的就业岗位失去保障，蓝领经济变弱，这使得一些人觉得比自己的父母更穷。而政府削减地方服务，更加剧了这种心态。跟美国大选的情况一样，往往是受教育程度不高的人趁机对当权派投下反对票，导致投票结果与民意调查不符。[②]

两次投票也都涉及种族叙事。许多白人觉得失去了在社会中的支配地位，想要"夺回自己的国家"。[③]在英美两国，白人回想着昔日的优越地位，而自己的现状与之相比黯然失色，于是，幸福感和信心破裂。特别是在英格兰，昔日大英帝国称霸世界的幻想，还充斥在民众心目中和小报的渲染里。

你对自己生活的感觉，是基于一个心理社会温度计的。只有与别人比较，温度计的度数才有意义。没有大学学历的美国白人和许多投票赞成"脱欧"的英国人由于向上比较，感觉自己更穷，也就更不快乐，更不自信。

观察人脑，可以看到这样的消极比较产生的影响。如果你觉得受到了不公平对待，大脑的奖励网络活动就会减少，令人心情低落，感到不快乐。许多投票赞成"脱欧"的英国人和投票给特朗普的美国选民就是这样的。

---

① 布兰费罗D. G.，奥斯瓦尔德 A. J.. 英国人和美国人的长期幸福感. 公共经济学杂志（*Journal of Public Economics*），2004，88（7 - 8）：1359 - 86.

② 古德温M. J.，希思O.. 2016年公投、英国"脱欧"和落伍者：对结果的总体分析. 政治季刊（*Political Quarterly*），2016，87（3）：323 - 32.

③ 布汉姆拉G. K.. 英国"脱欧"、特朗普和"方法论上的白人优越性"：对种族和阶级的误认. 英国社会学杂志（*British Journal of Sociology*），2017，68（3）：S214 - S32.

大池子里的小鱼

全球化的世界意味着池子变大许多，而我们都是里面的小鱼。这也是焦虑症在西方国家相当普遍的一个原因。[①]在更大的池子里，受教育程度更高的人会更加如鱼得水。可是，每个人都免不了竞争性社会比较带来的压力，即使是享受优越地位、受过良好教育的人也不例外。美国研究学会（American Institutes for Research）对美国中学生做了一项长达50年的有趣研究，而图宾根大学（University of Tübingen）的研究人员利用有关数据，在2018年有了这一发现。[②]

这项研究称为“人才项目”（Project Talent），在1960年发起，招募了近40万名美国中学生。这些青少年来自1000多所学校。学校完全是随机选择的，囊括了所有类型（包括公立和私立学校），具有代表性；青少年的家庭背景从最贫穷到最富裕的社区都有。在接下来的11~50年间，研究人员对这些学生进行了跟踪观察，想知道不同学校的学生日后的学历高低、收入多少、工作声望如何，总的来说，生活过得怎么样。

无论在哪个国家，比起社会经济背景更好的孩子，贫困地区的孩子在这些方面的平均表现会更差。社会经济地位是信心的一大来源，这也是经济优势和成就息息相关的一个原因。

但“人才项目”研究了不起的一点在于，研究人员可以把社会经济背景对学生的人生成功的影响与另一个重要因素相比较。那就是就读中学的

---

① 卡林S.，米德罗P.，约翰松S. E.，森德奎斯特K.，森德奎斯特J.. 自我报告焦虑的纵向趋势：25年期间年龄和出生群组的影响. BMC精神病学（*BMC Psychiatry*），2017，17（1）：119. 另见：达菲M. E.，特文格J. M.，乔伊纳T. E.. 美国本科生的心情和焦虑症状和自杀相关结果趋势，2007－2018：来自两个全国性调查的证据. 青少年健康杂志（*Journal of Adolescent Health*），2019，65（5）：590－8.

② 格尔纳R.，达米安R. I.，纳根加斯特B.，罗伯茨B. W.，特劳特温U.. 不仅是你是谁，还有你跟谁在一起：中学组成和个人在一生中的成就. 心理科学，2018，29（11）：1785－96.

“学业池子”大小，也就是所在学校学生的平均学业成绩（而不是平均社会阶层）。邻里和学校的学业氛围等因素会影响到一所学校学生的平均学业成绩。这又会决定这所学校的“学业池子”大小，也就是说，学生在学业上要面临多大的竞争。

那么，研究人员提出的问题可以简单地归结为：一所学校学生的平均社会经济背景，与“学业池子”大小相比，对美国数十万名青少年日后的人生成功有何影响？

研究还使用了另一项重要指标：青少年在校期间，对自己的学历有何期望。换言之，研究人员询问学生，对自己的最高学历（学士、硕士、博士）有何期望，以此评估学生在教育上对自己的信心。问题包括：“你预计自己的最高学历是什么？”最引人注目的发现在于，信心（学生对自己的期望）是成功的推动力，衡量指标包括工作声望、收入和最高学历。

所以，没错，信心是取得成就和成功的关键。

可是，你的社会阶层与“学业池子”相比，对信心有何影响呢？结果发现，一所学校的平均社会经济背景越好，学生对自己的教育期望就越高。这一点并不令人意外。不过，就读一所平均学业水平高的“大池子”学校，对学生的信心有何影响呢？结果令人意外。学校的平均学业水平所产生的影响，与社会阶层的影响是相反的。学校的平均学业水平越高，学生的平均信心就越低。而由于学生对教育的期望是成功的推动力，在排除社会阶层的影响之后，“大池子”学校的学生在几十年后并没有“小池子”学校的学生那么成功。

由于研究对象包括1000多所学校和近40万名学生，研究人员可以在统计上把学校的社会经济背景和“学业池子”大小产生的影响分离开来。这一点是很重要的，因为社会经济背景和学校的学业水平是紧密相关的。

只有从统计数据中剥离社会阶层，在分析“学业池子”大小的影响时，才能保证统计分析的公正性。

中产阶级背景的普通孩子进了学业水平高的学校，反而没有那些同样出身中产阶级家庭、进了学业水平一般的学校的孩子那么自信。所以，他们日后的人生并没有那些背景相同、进了学业竞争没有那么大的“小池子”学校的学生那么成功。反之，那些家庭背景没有那么优越的青少年，进了这些“小池子”学校，平均而言会变得更加自信，日后的人生也会更加成功。

这个发现只有一个说得通的理由，也是英国和美国政治变天背后的同一个理由：**我在跟谁比较？**在“小池子”学校里，我看到许多人表现跟我差不多，或者比我更差，所以比较容易对自己的学业能力满怀信心。而在“大池子”学校里，平均学业水平高，我比较容易对自己的学业能力失去信心。

青少年时期不仅对大脑发育至关重要，对自我感的发展也十分重要。而信心是自我的核心。原来，我们在这段重要时期与别人做了怎样的比较，在很大程度上塑造了我们整个生命历程。

我们近年来在英国和美国看到，这些比较不仅在青少年时期产生深远影响，在我们一生中都会产生影响。无论我们喜不喜欢，我们都活在一个比以前大很多的全球化池子里，因此，维持信心的难度变得越来越大。在科技几乎无处不在的今天，世上最贫穷的人可以直观地跟最富裕的人做比较，而这在以前是不可能的。如今，我们的经济面临着双重挑战，除了物质层面之外，心理层面也同样重要。这就涉及“自我经济学”的概念。

自我经济学

随机的一组人参加智商测试，然后要判断自己的表现是高于还是低于同组人的平均水平。电脑屏幕会显示其表现是否真的高于或低于平均水平，但这个反馈的准确率只有75%。然后，他们又必须决定究竟自己的智商是高于还是低于同组人的平均水平。

这个过程会重复四遍，电脑会告诉他们，究竟他们的智商在同组人中处于什么水平。可是，反馈是有噪声的，并非100%可靠。每一次，他们都要说自己是高于还是低于平均水平。这跟实际生活中的大多数反馈一样，基本上不会100%清晰可靠。

那么，得到四轮带有噪声的反馈之后，志愿者是怎样评估自己的能力的呢？如果大脑是绝对理性的，就会遵从“贝叶斯统计”，每次向上或向下修订自我评估，并计入反馈的准确率只有75%这个事实。最终，纯粹理性的大脑会得出准确的自我评估。我们可以把这个判断称为“理智的自信”。在这次反馈之后，评估是准确的吗？绝对不是的。

我们在第二章中看到，我们的大脑对好消息的更新远比对坏消息更快、更多。这里的情况也是如此。比起消极反馈，人们更有可能在收到积极反馈之后改变对自己智商的评估。此外，他们也是相当保守的。在收到智商的好消息之后，他们更新评估的幅度只达到以统计学计算本应更新幅度的35%。在收到智商的坏消息之后，他们下调自我评估的幅度只达到以统计学计算本应下调幅度的15%。

理智的自信是有黏性的，不容易改变，而且对好消息比较敏感，对坏消息比较迟钝。还有些人——通常是处于平均水平以下的人群——根本不想收到任何消极反馈。

但我们已经知道这一点了，那么，这里有什么区别呢？答案在于同一批人不是为自己，而是代表一台假定的智能机器人做同一个测试时，会发生什么事。这一次，他们的行为几乎完全符合“贝叶斯统计”，面对积极和消极反馈，更新幅度是一样的，也不会过分保守。他们会根据反馈，适当、理性地改变对智商高于或低于平均水平的初始评估。①

这就是从信心中剥离自我的结果。我们用不着保护自我了，信心这条通往未来的桥梁就成了理性的统计工作。信心是对未来自我的信任。它是我们内在的教练，相信“我做得到”。这就像有一位和蔼可亲的教练相信我，为我注入动力，让我采取行动，不辜负这份期望。

可是，光是这位教练相信我还不够。这位教练只存在于我的头脑之中，要让它发挥神奇的作用，我必须相信这位教练。它叫什么名字？就叫“自我”。

因此，经济学的一个要素在于自我经济学。我们感觉自己有多富裕或贫穷，感觉自己的生活是蒸蒸日上还是处于挣扎状态，视乎我们跟谁比较而定，也取决于我们能否保护对自己的积极看法。可是，我们感觉自己有多富裕或贫穷（记住，决定这一点的不仅是现实，我们的知觉也是同样重要的），越来越容易受到变化的影响，而大多数人都会对变化感到焦虑。

过度自信的程度与变化

世界瞬息万变，经济、社会和技术发展日新月异。②2018年，图卢

---

① 默比乌斯M. M.，尼尔德蕾M.，尼豪斯P.，罗森布拉特T. S.. 管理自信：理论和实验证据. 国家经济研究局，2011. 报告编号：0898-2937.

② 弗里德曼T. L.. 谢谢你迟到了：一个乐观主义者在加速发展的时代茁壮成长的指引（*Thank You for Being Late: An optimist's Guide to Thriving in the Age of Accelerations*），第二版. 纽约：Picador出版社，2016.

兹大学（University of Toulouse）的经济学家罗伯塔·德西（Roberta Dessi）提出，信心让我们戴着“玫瑰色”眼镜奋勇向前，是我们应对变化的必要心理策略。她运用博弈论数学模型的方法，预测个体在群体之中的行为，得出这样的结论：人对自己的能力和成功概率有点过度自信，可以在经济体系中形成和谐的平衡。[①]健康的过度自信使一个人敢于承担风险，不会只埋头做旧项目，而会去启动新项目，在瞬息万变的世界里，这种做法可以带来回报。

可是在稳定的环境中，情况就不一样了。在稳定的环境中，事情是可预测的，缺少变化，过度自信的行为会受到惩罚。在变化很少的情况下，过度自信可能成为一个潜在的不利因素，会让人更不愿意去发现和解决现有项目中的问题，更不愿意为改进现状而做出投资。

德西和合著者赵小健测量了3000多名中国公民的过度自信程度，先是让他们解决一个难题，然后让他们评价自己对回答正确有多自信。然后，参与者要回答预计自己的生活会发生多大变化。结果发现，一个人预计生活会发生越大变化，就越是高估了自己回答的准确性（过度自信）。

接下来，研究人员把38个国家或地区的社会和经济稳定性指标，与这些国家或地区公民的平均自信程度相比较。他们重点关注那些要是与信心有相关性，直觉上是正相关关系的稳定指标：28年间的平均失业率低，内部和外部冲突水平低，等等。

可是，模型预测的结果与直觉相反，一个国家或地区越稳定（即使是用这些指标衡量），平均自信程度应该就越低。德西和赵小健发现确实是这样的。例如，美国的自信得分是17.2，而日本的得分是13.3。瑞士的经

① 德西R.，赵X. J.. 过度自信、稳定和投资. 经济行为与组织杂志，2018，145：474－94.

济和社会非常稳定，得分是14.3；而英国的动荡和变化要大得多，得分是16.4。

极端的过度自信会引起很大问题。但为了应对快速变化的世界，程度适中的“正常”过度自信是有用的对策，甚至在经济上和心理上可能是必要的。鉴于全世界都在加速变化，世界要蓬勃发展，信心就变得愈发宝贵。

可是，经济离不开政治，而信心在政治生活中也扮演着同样重要的角色。

The Politics of Confidence

Chapter 11

第十一章

信心与政治生活

第十一章 | CHAPTER 11

今天晚上，我想先跟大家聊的这个话题，甚至比能源或通胀还要严峻。我现在想跟大家聊一下，美国民主面对着根本性的威胁。

在这里，我说的并不是政治和公民自由。这两方面会长久地存在下去。我说的也不是美国的对外实力，美国具有的经济实力和军事力量，如今在世界各个角落都处于和平状态。

我说的威胁是日常生活中存在的，几乎看不见的，也就是信心的危机。

我们对未来的信心正在受到侵蚀，这对美国的社会和政治结构构成威胁，可能使之毁于一旦。

信心为我们的发展划定了道路，是世世代代之间联结的纽带。我们总是相信进步的力量，总是相信下一代的日子会过得比我们更好。①

① 卡特J.. 美国总统吉米·卡特的《信心的危机》讲话，1979年7月15日. [获取和访问路径：https://www.youtube.com/watch?v=PYWqveU1Tdk] 引用日期：2020年7月25日.

1979年7月15日，美国前总统吉米·卡特（Jimmy Carter）在全国电视讲话中说了以上这番话。这成为了著名的《信心的危机》讲话。卡特的顾问告诉他，美国人对国家未来的信念陷入了危机。这些顾问把这种集体感觉怪罪于一系列事件的累积效应：约翰·肯尼迪、罗伯特·肯尼迪和马丁·路德·金遇刺，越南战争失败，水门事件，以及20世纪70年代能源危机。由于燃料短缺，高速公路上的汽车被迫以55英里的时速行驶，即使在中西部空荡荡的道路上，四下茫茫，也只能1英里1英里地放慢速度，司机沮丧的心情堪比卡特讲话时阴森森的音调。[①]

卡特总统的讲话是引人深思的。美国当时面对着那么多经济、社会和军事挑战，而他偏偏点出了一个核心问题，也是一个心理问题。一位美国总统化身心理学家，诊断2亿多人的心态，是前所未见的。这位总统医生开出的处方可就不那么受欢迎了，接下来，他呼吁民众自我牺牲、厉行节约，拒绝物质主义。这样的言论并不能激活美国关键选民大脑中的奖励网络，也就不能激发起他们的信心。

在1980年这个选举年，另一位总统候选人、前电影演员罗纳德·里根（Ronald Reagan）察觉到民众的心情，认识到卡特开出的处方不受欢迎。他也化身为心理学家，宣称美国人压根就没什么问题。他的政治观点以乐观精神和信心为核心，令数以千万计支持者的奖励网络活动增强，也就赢得了大选。

里根跟卡特一样，扮演了心理学家的角色，在经济和政策之下，挖掘出国家面临困境的深层次原因。可是，他做出了不一样的判断。里根声称，美国之所以会产生信心的危机，恰恰是因为卡特总统无法激发起美

① 雪利C.. 与命运的约会：罗纳德·里根和改变美国的竞选（*Rendezvous with Destiny: Ronald Reagan and the Campaign That Changed America*）. 纽约：ISI出版社，2011.

国人的信心。里根开出的处方是相当不一样的：选出富有魅力的领导人，重振大部分美国人的自我信念。但为了履行竞选承诺，他上任后削减了一些公共项目的开支，因而损害了另一部分美国人的信心，最终产生了一系列政治和经济后果，至今仍挥之不去。①

在德累斯顿的克格勃（KGB）总部门口，愤怒的人群聚集，37岁的苏联军官紧张地看着。这是1989年12月5日，他打电话给当地的苏联驻军，请求增援。但在吱吱作响的电话线那头，只传来这样简短的回答："莫斯科沉默了。"于是，中校弗拉基米尔·普京（Vladimir Putin）大步走到门口，告诉人山人海的东德抗议者：任何人胆敢进入大楼，都会遭到射杀。其实，大楼里根本就没有武装士兵。不过，普京的虚张声势奏效了。人群慢慢地散去，找别的东德办公楼洗劫去了。②

这位忠心耿耿的苏联克格勃军官觉得，自己的世界和身份崩塌了。他后来透露："我感觉到国不成国。国家已经消失了。"③2005年4月25日，他在俄罗斯联邦会议上发言时表示："首先应当承认，苏联解体是20世纪最大的地缘政治灾难。我们数以千万计的同胞流落在俄罗斯土地之外。"④

普京的一大心结不在于国家经历的经济或政治磨难，而在于这对他心爱的俄罗斯产生的心理影响。他深深感受到个人和国家蒙受的强烈羞辱，这也是他和千百万俄罗斯人一样，对苏联解体最深刻的反应。

---

① 雪利C.. 与命运的约会：罗纳德·里根和改变美国的竞选（*Rendezvous with Destiny: Ronald Reagan and the Campaign That Changed America*）. 纽约：ISI出版社，2011.

② 沃克S.. 这次羞辱令普京决心重建俄罗斯的荣耀. 历史（*History*），2019年3月26日. [获取和访问路径：https://www.history.com/news/vladimir-putin-russia-power] 引用日期：2020年7月20日.

③ 普京V.，格沃尔基扬N.，提马科娃N.，科列斯尼科夫A.. 第一人称：俄罗斯总统弗拉基米尔·普京惊人坦白的自述（*First Person: An Astonishingly Frank Self-portrait by Russia's President Vladimir Putin*）. 纽约：公共事务出版社，2000.

④ 普京V.. 在俄罗斯联邦会议上的年度发言，2005年4月25日. [获取和访问路径：http://en.kremlin.ru/events/president/transcripts/22931] 引用日期：2020年9月2日.

俄罗斯人对公共机构的信任度是全世界最低的。[①]公民的平均生活质量跌至中国的水平以下。[②]然而，截至本书撰写时，弗拉基米尔·普京的支持率仍然高达70%。这还得归功于他成功把握了国民的心理。他大力宣扬苏联领导人在第二次世界大战（苏联也称之为“卫国战争”）中表现出来的勇气、耐力和取得的胜利，以此重建国民的集体信心和自尊。

1999年，普京发出了这样的警告：“这是俄罗斯近200—300年来，首次真正面临沦为二流甚至三流国家的危险。”他呼吁俄罗斯人团结一致，确保俄罗斯保住“一流”国家的地位。[③]他发扬战时的概念：为了民族自豪感，在物质上做出自我牺牲。目的是充分地调动俄罗斯人的民族主义精神，在切身体会到国家蒙受的羞辱之后，重建自我价值感和信心。

在人类历史上，一国民众的集体情绪有多重要，再强调也不为过。就因为国王、王子和军阀的自恋心理受到伤害，近千年来有数百万人为之丧命。“荣誉”或“面子”的概念惹来了不少残杀，时至今日仍是如此。美国政府早就私下得出了明确的结论，知道肯定打不赢越南战争，可是为了国家的面子，为了政府和国家的自尊，还是苦战多年。[④]

保护集体自我是推动人类命运前进的动力之一。随之而来的过度自信除了会引来杀戮和战争，也会带来非凡的创意、创新，使人履行公民责任。可是，真的有“集体信心”这么一回事吗？

---

① 什拉彭托赫V.. 俄罗斯人对公共机构的信任度：全世界最低. 共产主义与后共产主义研究（*Communist and Post-Communist Studies*），2006，39（2）：153－74.

② 拉波扎K.. 俄罗斯生活质量指标比中国更差. 福布斯，2017年3月19日.

③ 沃克S.. 这次羞辱令普京决心重建俄罗斯的荣耀. 历史，2019年3月26日. [获取和访问路径：https://www.history.com/news/vladimir-putin-russia-power] 引用日期：2020年9月2日.

④ 麦克马斯特H. R.. 失职：林登·约翰逊、罗伯特·麦克纳马拉、美国参谋长联席会议和引发越南战争的谎言（*Dereliction of Duty: Lyndon Johnson, Robert McNamara, the Joint Chiefs of Staff, and the Lies That Led to Vietnam*）. 纽约：哈珀柯林斯出版社，2018.

集体信心

随便问一个足球、曲棍球、橄榄球或其他队员，对方都会告诉你，有团队信心这么一回事。甚至有这样一个经过科学验证的简单方法，可以评估集体信心：

请评估你的队伍有多大信心在下一场竞技比赛中表现出色，取得胜利。0分是毫无信心，100分是信心十足。

使用这个简单的量表，计算每位队员给出分数的平均值，就可以得出一个团队的集体信心。研究发现，集体信心对团队发挥的作用，类似于个人信心对个人发挥的作用。运动员要是对团队更有信心，就会订立难度更大的目标，付出更多努力，身体耐力更强，遇到挫折和逆境时更有韧性，遭遇失败时更为不屈不挠。[①]

因此，随便一个球迷都会告诉你，有集体信心的团队在比赛中会取得更好的成绩。而罗汉普顿大学（University of Roehampton）的研究人员在2016年的评估中也认可这一点。[②]球迷还会告诉你，要建立球队信心，带领球队取得成功，球队主教练或教练是至关重要的。这一点也得到了科学证据支撑。领导者可以把自己的信心灌输给全队，形成“做得到”的集体精神。即使只是新团队中的临时负责人，也可以发挥这样的作用。

---

① 布鲁顿A. M.，梅拉留S. D.，希勒D. A.. 检验对运动队集体效能测量的单项支持因素. 国际运动与锻炼心理学杂志（*International Journal of Sport and Exercise Psychology*），2016，14（4）：383-401.

② 布鲁顿A. M.，梅拉留S. D.，希勒D. A.. 提升集体效能的观察法：综合评论. 运动与锻炼心理学，2016，24：1-8.

在一项研究中，100名比利时篮球运动员被随机分配到几个小团队，参加投篮比赛。每个团队都选出一名队长。队长不仅是技术水平相近的篮球运动员，还要与研究人员合作，采取不同的态度。一半的队长要表现出对全队充满信心，表示相信球队的实力，在球队得分时反应热烈，身体语言流露出信心。另一半的队长要在队员没投中时神色恼火，批评队员，垂头丧气，身体姿势缺乏信心。

队长充满信心，队员就对全队的实力更有把握，全队的集体信心增强，也就更认同“我们”这个集体。这两种队伍刚开始投篮时，命中率是差不多的。但到最后，在那些队长对全队更有信心的队伍，命中次数比其他队伍多出30%。[①]

我们可以在一个人的大脑中，看到集体信心是怎样运作的。团队协作时，人的大脑不仅会追踪自己的表现，还会追踪队友的表现。负责这一功能的脑区称为“布罗德曼分区第9区”（BA9），位于大脑前部。每个人的大脑都好像在给团队表现记分，形成集体信心的神经信号。

人们相互竞争而非团队协作的时候，大脑活动会呈现相反的规律，将有关自己的活动与对手的活动完全分开。在比赛中，你可不希望大脑混淆了你的表现与对手的表现。

如果我们对“我们”有信心，我就会对“我”更有信心，这会对大脑表现、注意力、情绪和行为产生一系列积极影响。但集体信心的作用不仅限于此，还能够帮助人们更好地团队协作，带来许多好处。而且这种效应

① 弗朗桑K.，哈斯拉姆S. A.，斯蒂芬斯N. K.，万贝塞拉尔N.，德 · 屈佩B.，博恩F.. 相信“我们”：探索领导人通过建立共同的社会认同感提升团队信心和表现的能力. 实验心理学杂志：应用（*Journal of Experimental Psychology: Applied*），2015，21（1）：89－100.

不仅限于体育界。如果首席执行官能够向全公司传达出信心，公司业绩往往会更好。[①]在大城市的贫民区，要是当地人的集体信心更强，相信在社区控制方面，能以非正式的规范来控制成员的行为，那么，犯罪率往往会更低。[②]

不过，要说集体信心大有作为的舞台，还数政坛。从伊拉克到北非，集体信心在全球各地激发起行动。个人能够使用社交媒体沟通交流，令全球各地出现了不可预测的大规模示威、暴动和骚乱。

智利和美国在2017年进行的研究发现，人们越多在社交媒体上讨论政治议题，对采取进一步政治行动就越有信心。[③]参与者需要回答自己是否同意这样的陈述："如果足够多的公民组织起来，要求做出改变，政客就会采取行动，解决问题。"据此，研究人员可以评估他们的政治信心。

值得注意的是，研究发现，在两家领先的社交媒体平台Twitter和Facebook上，人们激发信心、采取行动的方式是不一样的。Twitter是个人取向的，注重向关注者传播信息，而不注重分享或相互的社交互动。而Facebook更注重社会联结和意见交流。虽然存在这样的差异，但在这两个平台上分享政治信息的人都更有可能在社交媒体之外参加政治行动，不过是出于不同的理由。研究发现，Twitter用户分享政治信息，可以提振对采取政治行动的个人信心；而Facebook用户分享政治信息，可以提振对采取政治行动的集体信心。

---

① 雷斯克C. J.，惠特曼D. S.，瓦因加登S. M.，希勒N. J.. 首席执行官性格的好坏：检验核心自我评价、自恋、变革型领导和战略影响. 应用心理学杂志，2009，94（6）：1365－81.

② 桑普森R. J.，劳登布什S. W.，厄尔斯F.. 邻里和暴力犯罪：对集体效能的多层次研究. 科学，1997，277（5328）：918－24.

③ 哈尔彭D.，巴伦苏埃拉S.，卡茨J. E.. 我们对Facebook和Twitter的使用：不同的社交媒体通过集体和内部效能对政治参与度产生的影响. 计算机媒介传播杂志（*Journal of Computer-Mediated Communication*），2017，22（6）：320－36.

那么，信心是会传染的，可以从领导者往下纵向传播，也可以在各个群体之间横向传播。[①]群体的凝聚力越强，信心的感染力就越强。[②]在人类进化的历程中，信心可以让我们的大脑建立关系网，帮助我们有效合作。[③]建立关系网的一个方法，是我们在第三章中讨论的"信心启发式"。我们依靠这种经验法则的心理捷径，根据对方看起来有多自信，决定跟谁合作。

那么，信心不只是一个人心智的属性，还会扎根于千百万人的心智之中，或者从千百万人的心智中流失。在这种时候，就会创造历史。

"这枚炸弹是捍卫自尊的筹码"

1998年5月11日，印度引爆了一枚热核弹，拉贾斯坦邦沙漠为之震动。当天，在砾漠之下，后来又发生了两次爆炸，这回是裂变炸弹。印度正式成为第六个拥有核武器的国家。知名印度政客、编辑兼记者钱德拉·米特拉（Chandran Mitra）就印度的成就发表评论："我认为事实上，这枚炸弹是捍卫自尊的筹码。"就此，他为这个极端的军事政治行为找到了坚实的心理学依据：建立印度人的民族自信心。

才17天后，1998年5月28日下午3点15分，在印度邻国巴基斯坦，俾路支省的旱地下传出了类似的震动。这个与印度积怨已久的国家做出回应，进行了地下核试验，也成为了寥寥无几的拥核国家。

---

① 克雷默T.，布洛克L. G.. 像乔丹一样：通过接触物体的能力感染可提升信心和改善表现. 组织行为和人类决策过程，2014，124（2）：215－28.

② 厄泽J. P.，兰博N.，丰泰纳P.. 职业篮球队的凝聚力、集体效能和表现之间的关系：检验中介效应. 体育科学杂志，2006，24（1）：59－68.

③ 谢伊N.，博尔特A.，班D.，杨N.，海斯C.，弗里思C. D.. 超个人的认知控制和元认知. 认知科学趋势，2014，18（4）：186－93.

成为拥核国家是有实际影响的，包括把核武器当作政治谈判的筹码。2019年，朝鲜最高领导人金正恩正是利用核活动，实现了与美国总统会谈的战略目标，有力地证明了这一点。拥有核武器也可以慑止他国对本国可能发动的军事攻击。但钱德拉·米特拉正确地指出，拥有这项具有威慑力的武器也有心理层面的作用，可以提升一个国家的自尊和自信。

这么私人的心理状态，一整个国家怎么会有呢?

对于这个问题，比起不曾成为殖民地、更优越的富裕国家公民，前殖民地国家的公民有更深刻的体会。

钱德拉·米特拉进一步阐述了核武器可以提升自尊的观点：

> 在20世纪末21世纪初，要树立起民族自豪感，克服两百年来根深蒂固的自卑感，似乎可以借助这枚炸弹，更好地应对（原文如此）这个世界，让你做更完整的自己。

这些话就像心理治疗的咨询记录中，患者吐露私人的焦虑和羞辱感。然而，这是一位领导人在谈论自己的祖国，像说一个人似的，说得有血、有肉、有情感。这位知名政治人物兼全国性报纸编辑所说的，是他代表的数亿人的心路历程。他继续说道：

> 我们走出国门的时候，在国际论坛上要证明自己的时候，必须喊出更大的声音。别国就算承认你这前殖民地国家发展得还不错，也在很大程度上抱着居高临下的态度……可是，别国要么瞧不起我们，要么就算承认我们的发展，也是居高临下的。这是

我们面对的一个问题。[1]

前殖民者（例如大多数欧洲国家和日本）往往会把民族自尊和自信视为理所当然。那些经济、政治或军事实力强大，具有威慑力的国家也是如此（例如美国）。这是因为权力会改变我们的大脑，让我们更专注于自己的目标，不太会留意、也不太会在乎无权无势者的想法或感觉。权力也会让我们更加以自我为中心，缺少自知之明。

有权有势的国家或群体不会像无权无势者那样反省自己，思考别人是怎样看待自己的。他们不会像钱德拉·米特拉那样，情不自禁地思考与其他群体相比的自卑感和优越感。他们根本不必去考虑这些问题。有了权力，你就可以发号施令，那么，又何必设身处地地替无权无势者着想呢？反之，无权无势者必须耗费大量的心理能量，去揣摩有权有势者的心思和意图，反省自己与之相比的集体地位（和信心）。[2]

但如果一个国家或群体失去了权力，自信的假设就会崩塌，不再无忧无虑、理所当然地认定自己更为优越。这个一度有权有势的群体失去了支配地位，突然之间，自我质疑和自我觉察的痛苦过程爆发，对不再具有支配地位的自我构成威胁。那么，在群体心智的个体大脑中，发生了什么事呢？

群体心智

在一项研究中，彼此不认识的志愿者进入同一个房间。研究人员

① 高希A.. 探索自尊：采访钱德拉·米特拉. 印度展望（*Outlook India*），2002年5月11日. [获取和访问路径：https://www.outlookindia.com/website/story/explosion-of-self-esteem/215504] 引用日期：2020年11月5日.

② 罗伯逊I.. 权力如何影响我们：胜利者效应. 伦敦：布鲁姆斯伯里出版社，2012.

用幻灯片向他们展示了保罗·克利（Paul Klee）和瓦西里·康定斯基（Wassily Kandinsky）这两位艺术家的抽象画，并让每个人决定自己更喜欢哪位艺术家的画。然后，研究人员把参与者分为两组，并告诉他们说，是按照他们喜欢的画家分组的。而事实上，分组完全是随机的。现在，有了两个随机的小组，一组名义上更喜欢克利的画，另一组名义上更喜欢康定斯基的画。

这些小组称为"最简群体"。"最简群体"是没有目的、没有过去、没有未来的，只是任意组成、短暂存在、一个人暂时属于的群体。这些群体不同于我们在现实生活中属于的大多数群体。真实群体是有目的的，例如保护家庭、足球队获胜、传播宗教或弘扬国威等。这样的群体历史悠久，有的可以追溯到千百年前；也有存在的理由，通常涉及想要实现竞争优势，凌驾于其他群体之上。

这些群体还有通往未来的强烈延续感，政党的传承、国家光辉的未来、信仰的永恒之光、家庭的未来，诸如此类。具有目的、过去和未来的群体之间相互竞争，令全世界陷于分裂。印度的印度教徒与穆斯林之争，爱尔兰的天主教徒与新教徒之争，美国的共和党人与民主党人之争，都只是其中几个例子。我们甚至可以说，人类历史就是这样的群体及其冲突的故事。

可是在这个实验中，人们突然进入了一个完全是任意组成的群体。这个群体没有历史，没有共同价值观，也没有目的或未来。那么，这样的群体想必是不相关、不重要的吧？但事实并非如此。1971年，布里斯托大学（University of Bristol）优秀的社会心理学家亨利·塔菲尔（Henri Tajfel）最先发现了"最简群体"效应。之后，一系列研究工作都印证了这个效应的存在。

塔菲尔及其同事发现，只要属于一个随机的群体，就会让人表现出一系列行为和态度。诡异的是，这些行为和态度在全人类之中都司空见惯。这里说的是“内群体偏好”和“外群体歧视”。这项研究有一个惊人的发现：人会给自己的群体（“内群体”）分配奖励，给其他群体（“外群体”）施加惩罚，即使计算总成本效益，这种群体偏好的选择损害了每个人的利益，也不例外！换言之，群体心智会让人做出损人不利己的事情，令人气馁。

在这个实验中，克利和康定斯基根本不存在竞争关系。这两个群体是完全没有目的、没有未来的，也就不存在零和博弈（我赢了，你就输了，反之亦然）。可是，人的心智中似乎还是存在着原始的驱动力，会马上采纳群体成员的身份来界定自己的身份，然后自动地偏好内群体，歧视外群体。[①]这究竟是为什么呢？我们是否可以借助这一点，理解信心在群体和国家之中的运作方式呢？

为了回答这个问题，我们可以看一下2003年在德国进行的一项研究。研究人员利用“克利-康定斯基”最简群体范式，把参与者分为两组。首先，研究人员让参与者做了一个解决问题测试，并告诉他们在测试中表现是好是坏，以此巧妙地操纵每个人的个人信心。然后，研究人员让参与者给内群体和外群体的其他人分钱，并观察他们有多大的内群体偏好。结果发现，那些听说自己表现不好的参与者，表现出来的外群体歧视和内群体偏好要强烈得多。换言之，一个人自我感觉不好，部落意识就会增强。他们得到与自己智力相关的虚假反馈，自我受到威胁，于是从内群体的集体

---

① 塔菲尔H.，比利希M. G.，邦迪R. P.，弗拉芒C.. 社会分类和群际行为. 欧洲社会心理学杂志（*European Journal of Social Psychology*），1971，1（2）：149－78.

自我得到保护，以作补偿。[1]

从这项研究，我们可以进一步理解2016年在英国和美国发生的政治剧变。当千百万人失去了信心，想要寻求安慰，抬升自我时，就会马上变得更容易受到"内群体偏好"和它邪恶的双胞胎"外群体歧视"的影响。正因如此，在2008年经济衰退之后，民粹主义者能够利用千百万人失去信心、自我受到威胁的机会，吸引大批支持者。美国的唐纳德·特朗普、英国的奈杰尔·法拉奇、法国的玛丽娜·勒庞（Marine Le Pen）和意大利的马泰奥·萨尔维尼（Matteo Salvini）都是个中代表。民众感觉到失落，信心受到侵蚀，所以会受到民粹主义者煽动，内群体偏好和外群体歧视变得更为强烈。

然而，这些政治运动背后，并不只是内群体思维模式驱动的。千百万人失去信心，部落意识增强，还会产生更发自肺腑、更感性的影响。2008年的一项研究发现，光是感觉自己属于任意一个内群体，就会对大脑的奖励网络产生深远的影响，让人心情变好。[2]这对于民粹主义者来说，就相当于向千百万追随者免费派发抗抑郁药。阿姆斯特丹自由大学（Amsterdam's Free University）在2019 年发表的一项研究发现，极端意识形态的支持者更需要这些抗抑郁药。

极端右翼或左翼意识形态的支持者心理困扰比其他人更加严重。极端主义信仰系统的思维方式非黑即白，为复杂的问题提出简单的解决方案。这吸引了信心和自尊偏低的民众，也使得他们更加容不下其他群体，对自己的判断过度自信。强烈的内群体偏好和过度自信会激活大脑的奖励网

---

① 彼得森L. E.，布兰克H.. 情境性自尊高或低的三人小组所示最简群体范式的内群体偏好. 欧洲社会心理学杂志，2003，33（2）：149－62.

② 里林J. K.，达格奈斯J. E.，戈德史密斯D. R.，格伦A. L.，帕尼奥尼G.. 内群体和外群体互动的社会认知神经网络. 神经成像，2008，41（4）：1447－61.

络。极端主义者向支持者兜售充满诱惑力、过度乐观的简单解决方案，有助于缓解他们的心理困扰。[①]

来自群体心智的信心可以让我们每个人更加自信，从而减轻焦虑。但在焦虑底下，是否潜藏着什么更根本性的东西，驱使一个人向群体寻求安慰呢？

管理恐惧

2020年2月24日，在伦敦的牛津街，一群男子袭击了23岁的新加坡留学生莫显强（Jonathan Mok）。其中一名袭击者说："别把新冠病毒带来我的国家。"然后一拳击中了莫显强的鼻子。[②]这个例子只是冰山一角。出于对新型冠状病毒疫情的恐惧，在世界各地，认定外群体的人构成威胁、对其发动攻击的仇外行为数以千计。

2014年，埃博拉病毒病在西非迅速蔓延，引起全球广泛关注。这是另一种传染性极强的疾病。人们害怕这种病会蔓延到其他国家，例如美国。即使美国民众感染埃博拉病毒病的概率微乎其微，还是有千百万美国人表达了对这种病的恐惧。加利福尼亚大学圣塔芭芭拉分校的研究人员调查了1000名美国人，发现一个人越是感觉自己容易感染埃博拉病毒，对移民（特别是西非人）的仇外心理就越强。[③]

人们害怕时，会寻求内群体的安慰，以此减轻焦虑，缓解恐惧，这不可避免地会引发外群体歧视。而这种恐惧心理远远不只是疫情期间才

---

① 范·普罗杨J. W.，克洛维尔A. M.. 极端政治意识形态的心理特征. 心理科学最新指南，2019，28（2）：159－63.

② 科茨M.. 新型冠状病毒疫情和种族歧视的兴起. 英国医学杂志，2020，369：m1384.

③ 金H. S.，舍曼D. K.，厄普德格拉夫J. A.. 对埃博拉病毒病的恐惧：集体主义对仇外威胁反应的影响. 心理科学，2016，27（7）：935－44.

有的。

现在是星期一早上7点，你正在穿鞋。下面是我问你的一些问题，以及（恕我冒昧）我想象中你的回答：

你在干嘛?

穿鞋。

你为什么要穿鞋?

我要出门。

你为什么要出门?

我要上班。

你为什么要上班?

老板要我上班。

你为什么要在意老板要你干吗?

我想要做好工作，发展成功的职业生涯。

你为什么想要成功?

我想让家人过得好。

你为什么想让家人过得好?

我想做一个好爸爸/好妈妈。

你为什么想做一个好爸爸/好妈妈?

因为我是个好人。

你为什么想做个好人?

天啊，别再问了，我上班要迟到了！

在这段想象的对话中，我们遇到了“为什么？”的问题。这是存在主义的质问：我们忙忙碌碌、辛辛苦苦，究竟为的是什么？在大多数时候，我们会逃避这个问题，靠的是自我防御机制的另一项便利工具——否认。

我们做的每一件事都有多重目的，这些目的有等级之分。以下这个励志演讲人津津乐道的故事，可以很好地说明这个事实。

一些工人在砌砖。有人问第一名工人他在做什么。工人抬起头来，回答道："我在砌砖。"这人问第二名工人，工人回答道："我在建一面墙。"这人又问第三名工人，工人回答道："我在建造一座大教堂。"这三名工人都没说错，他们的目标就像俄罗斯套娃似的，一个套一个，用科学术语，可以称为"目标等级"。

可是，如果你像我们在上面"穿鞋"的问答那样，沿着这个等级往上追问，最终会碰到"人终有一死"这个存在主义的天花板。在大多数时候，我们都在否认机制的帮助下，避免去想这个问题。这是健康的，也是正常的。我们往往避免把注意力集中在更高的目标等级上，而是专注于实现会让我们心情变好的中等目标，例如加薪、买新房子、建立人际关系，或者终于去规划梦想已久的旅行。否认机制让我避免去思考更令人眩晕的问题：这最终是为了什么呢？尤其是几十年后，我就不复存在了。

"恐惧管理理论"可以解释这个现象。这个名字令人生畏的理论在多个洲和国家都得到了验证。

想到死亡，我们可能会感到悲伤难过。可是，我们不时会遇到一些让我们想起死亡的事情。例如，研究人员做了一个实验，询问参与者这样的问题："你想到自己死亡，会有怎样的情绪？""你觉得自己的躯体死亡之后，你会怎么样？"目的是让参与者更加意识到自己终有一死。

根据恐惧管理理论，你想起自己终有一死（例如疫情当前），就会触发一系列反应，主要是潜意识保护自我（和自尊），避免自我意识到自己将会不复存在并感到害怕。追寻“生命目标等级”的顶端也会产生类似的效应。认真思考日常生活的终极目的，不可避免地会让你想起自己终有一死。[①]

许多个国家的数百项研究都确认了，想起死亡，会让我们产生特定的想法、感觉和做出特定的行为。[②]最重要的是，我们马上会更坚定地拥护内群体及其世界观，以此维护自尊。这项理论认为，自尊的目的是保护我们免受个体在永恒的虚无中无足轻重的恐惧。[③]我们想起自己终有一死，于是（主要是潜意识地）努力产生这样的感觉：在所属文化或政治背景的内群体价值观中，自己是有价值的一员。我们热切地想要归属于一种超越自我的德行，以此感觉到自我的延续。自尊受到死亡威胁，所以更需要这种道德价值感，以此获取象征性的不朽。

当死亡的想法在意识的边缘浮现时，就连最虔诚的教徒的大脑也会出现典型的反应，这种心理反应会产生巨大的政治影响。

阿尔伯塔大学（University of Alberta）在2007年做了一项研究。参与者是非常爱国的加拿大学生，他们都表示“非常同意”这样的陈述：“加拿大人的身份是我自我价值的重要部分。”“身为加拿大人，我感到自豪。”然后，研究人员把他们分为两组，让他们看一篇文章。一半人看的是美国人写的反加拿大文章，对加拿大的一切（例如医疗系统、公民的礼貌）大肆嘲弄和批评。另一半人看的文章同样消极，只不过嘲弄和批评的

① 格林伯格J.，所罗门S.，皮什琴斯基T.，罗森布拉特A.，伯林J.，莱恩D.，等. 人们为什么需要自尊？自尊可缓冲焦虑的汇聚证据. 人格与社会心理学杂志，1992，63（6）：913－22.

② 伯克B. L.，马滕斯A.，福彻E. H.. 20年来的恐惧管理理论：对死亡凸显研究的元分析. 人格与社会心理学评论（*Personality and Social Psychology Review*），2010，14（2）：155－95.

③ 皮什琴斯基T.，格林伯格J.，所罗门S.. 防御有意识和潜意识死亡相关想法的双加工模型：恐惧管理理论的延伸. 心理学评论（*Psychological Review*），1999，106（4）：835－45.

对象变成了澳大利亚。

然后，学生要玩一个填字游戏，给不完整的单词填上缺少的字母。大多数单词只有一个答案，例如W _ _ D O W（window，窗户）或P _ P _ R（paper，纸张）。巧妙的是，6个单词至少有两个答案，其中一个与死亡相关，另一个与死亡无关。这些不完整的单词是：B U R _ _ D（buried或burned，埋葬或燃烧）、D E _ _（dead或deal，死亡或交易）、G R A _ _（grave或grape，坟墓或葡萄）、K I _ _ E D（killed或kissed，杀死或亲吻）、S K _ _ L（skull或skill，颅骨或技能）和C O F F _ _（coffin或coffee，棺材或咖啡）。

比起那些看了澳大利亚文章的学生，那些看了贬低加拿大文化和国民身份的年轻爱国加拿大学生更多地选择了与死亡相关的单词。由此可见，我们的自尊（包括集体、国民的自我价值）是一种抗焦虑药，可以缓解我们对死亡的恐惧。

这一点反过来行得通吗？凭着提升自尊，能不能保护我们免受死亡想法的困扰呢？为了找到这个问题的答案，亚利桑那大学（University of Arizona）在1992年做了一项研究。志愿者参加一个虚假的人格测试，研究人员就他们的人格给出虚假反馈。这些反馈可能是中性的："你有些抱负或许有点不切实际。"也可能是积极的："你大多数抱负是相当实际的。""从根本上来说，你的人格是完善的。"

然后，每一组半数的参与者要看一部题为《死亡真面目》（*Faces of Death*）的纪录片，里面讲到许多不同的死亡方式，包含尸检的真实镜头。而另一半人要看一部中性的片子，里面没有死亡相关的内容。

这样一来，参与者被分成了4组：高自尊/看了死亡片子；自尊处于中性水平/看了死亡片子；高自尊/看了中性片子；自尊处于中性水平/看了中性片子。

问题是，高自尊能不能平复死亡的想法唤起的焦虑呢？结果发现，看了中性片子的两组人，都没有变得更焦虑。在焦虑问卷中，这两组的平均分都是44分（满分为80分），处于正常水平。但那些没有提升自尊的参与者看了死亡片子，焦虑问卷的得分飙升至54分。

那么，那些提升了自尊又看了死亡片子的参与者又如何呢？他们并没有受到这部令人难过的片子的影响，焦虑问卷的得分维持在44分。这个结果印证了恐惧管理理论的核心观点。我们努力提升自尊，为自己的世界观争取支持，是为了抵御存在主义的焦虑。[①]而这种方法是奏效的。

当死亡的预感在意识的边缘浮现时，还会引起更多令人担忧的反应。在一项研究中，研究人员要求伊朗大学生“描述想到自己死亡时产生的情绪”，让他们更加意识到自己终有一死。然后，研究人员会让这些学生阅读一份政治殉难问卷的回答，并告诉他们说，这些回答是其他伊朗年轻人写的。其中一些回答支持自杀式炸弹袭击（例如，“以安拉的名义而死，会终结西方国家实行的帝国主义”）。还有一些回答不支持自杀式炸弹袭击（例如，“人的生命十分宝贵，不应该当作推动改变的工具”）。

然后，学生要评价自己在多大程度上同意这些话，有多喜欢给出这些回答的人。结果发现，比起没有想到自己死亡的学生，之前想到自己死亡的学生对支持自杀式炸弹袭击的回答者评价更高，也在更大程度上同意这些回答。

接下来，研究人员对美国学生进行了类似的研究。结果发现，在想到自己死亡之后，这些学生更有可能支持可能杀死数千名平民的极端军事暴

① 什米丽J.，海斯J.，威廉斯T.，贾里格J.. 死亡真的是果核中的虫子吗？世界观受到威胁令人更容易产生死亡想法的汇聚证据. 人格与社会心理学杂志，2007，92（5）：789－803.

力行动。[①]

我们都见过在叙利亚和其他战争中，城市满目疮痍、万千生灵涂炭的画面。光是看到这些画面，我们就更加意识到自己终有一死。因此，我们会更加固守自己的世界观，这是一个令人警醒的恶性循环：死亡冲突改变了我们的大脑，而大脑的改变又会令冲突升级。出于对死亡的恐惧，我们倾向于捍卫自己的世界观，保护我们的自尊。加拿大记者杰西卡·斯特恩（Jessica Stern）采访了来自不同宗教的宗教恐怖主义者，她在2003年出版的书中得出这样的结论：他们的动机是感觉个人和集体蒙受羞辱，导致自尊受损。[②]

要让千百万人对一个群体产生归属感，并不是那么容易的事。可是，只要依靠恐惧和威胁，让他们想起自己终有一死，就必定能够做到。轻视会让一个人感觉到羞辱，自尊受损；同样的方法也可以让一个国家的民众集体自尊下降。在这种时候，人对死神的基本心理防御被打破，我们想到自己终有一死。这会让人更忠于自己的"部落"，更恶毒地把外人非人化。

采取这些策略应对对死亡的恐惧，是要付出高昂代价的。看似矛盾的是，这些策略会让我们分心，耗费精力去保护自我，而损耗我们采取集体行动、解决重大问题的信心。自尊并不是行动导向、通往未来的桥梁，信心才是。

---

① 皮什琴斯基T.，阿卜杜拉希A.，所罗门S.，格林伯格J.，科恩F.，魏泽D.. 死亡凸显、殉难和军事力量：撒旦对比邪恶轴心. 人格和社会心理学公报，2006，32（4）：525－37.

② 斯特恩J.（编辑）. 以上帝之名的恐怖：宗教狂热者为何屠戮?（*Terror in the Name of God: Why Religious Militants Kill*）. 纽约：Ecco出版社，2003.

政治的药物

政客最宝贵的资产，莫过于民众对国家的未来充满信心。吉米·卡特总统的诊断是准确的。可是，他开出的处方要求人们克己忘我，反省自己的道德水平，这对于大多数民众来说缺乏吸引力，所以失败了。罗纳德·里根借用了卡特的诊断，但开的药（至少对一些人来说）更好下咽：放宽政府管制，秉持乐观主义，扩张美国经济。自此，美国经济蓬勃发展，直到2008年暴发金融危机，2020年爆发新型冠状病毒疫情。里根放宽对金融业的管制，是引发2008年金融危机的一大原因。他的经济政策为许多支持者带来了经济利益，可是也大大加剧了美国社会不平等的状况，令数百万人陷入贫困。

2020年，恐惧取代了贪婪，成为主导的情绪。我们在上文中看到，没有什么比焦虑更能侵蚀信心的了。政客失去这一宝贵的资源，只好采用风险更高的方法来提振民众的心情。这种策略需要通过开设群体心智的药房的方式，来提升他们的自尊。

这家药房贩卖的是强效药，制造出比外群体更优越的假象，令民众产生凝聚力。这种方法可以让人心情变好，减轻焦虑。内群体的社会联结激素带来“一条心”的感觉，以此安抚民众。

这些提升自尊的药物跟其他让你感觉良好的作用剂一样，有着同样的问题。效力终将过去，副作用会出现。在印度，满怀信心、感觉自己的生活“蒸蒸日上”（“脱欧”公投之前，这个指标在英国大幅下降）的民众比例，从2014年纳伦德拉·莫迪（Narendra Modi）上任总理时的14%，下降至2017年的只有3%。[①]利用群体心智提升自尊，这种做法像所有让你心情变好的药物一样，最终会摧毁国民的自信。民众会顾不上采取增强信心的行动，而是专注于保护自我的心理机制，维持内群体对外群体的优越感。保护自我并不是理性的做法，会消耗心理资源，让人顾不上发挥创意，解决问题，建立信心，推动文明向前发展。

我开始写这句话时，全球人口是7 779 263 050人；我写完这句话时，全球人口上升至7 779 263 300人。要是只顾保护自尊，而不去增强集体信心，我们就无法应对疫情、全球变暖和人类面临的其他挑战。我们需要弄清楚如何驾驭信心，才能让个人和集体获益。

---

① 拉利J.. 经济繁荣，但印度人的生活满意度暴跌. 盖洛普新闻，2018年7月1日. [获取和访问路径：https://news.gallup.com/opinion/gallup/236357/indians-life-satisfaction-goes-bust-economy-booms.aspx] 引用日期：2020年9月2日.

How to Harness Confidence

Chapter 12

第十二章

如何驾驭信心

第十二章 | CHAPTER 12

2019年12月29日，在这个寒冷昏暗的下午，一个男人离开在东京的房子，步行800米到当地的旅馆。他在旅馆与两个男人见面，三人坐新干线前往大阪。那两个男人离开大阪的关西国际机场附近的旅馆时，推着两个很大的行李箱，搭乘私人飞机，飞往伊斯坦布尔。两天后的新年前夕，卡洛斯·戈恩回到家乡黎巴嫩贝鲁特，与妻子团聚。[①]

戈恩戏剧性地逃离日本，轰动世界，甚至比他在业界取得的非凡成就更引人注目。在此，他的信心展露无遗。他不仅塑造了全球汽车业的未来，还在面临刑事起诉的情况下弃保潜逃，掌握自己的命运，自我信念非同一般。

信心满满的人往往不愿意遵守规则，而更喜欢破坏规则。信心是一把双刃剑，而卡洛斯·戈恩的故事就是绝佳的例子。信心或许能构筑通往未来的桥梁，可是，无论是正式规定还是非正式约束，破坏规则都会引发冲突，令人反感。萨沙·罗曼诺维奇和凯茜·恩格尔伯特都是大型金融机构具有开创性的女性领导人，上任后推出新举措，引起同事的反弹。刚果的外科医生德尼·穆奎格遭遇暴力袭击。纳迪娅·穆拉德为雅兹迪女性的权

---

① 卡洛斯·戈恩：日产的前首席执行官是怎样逃离日本的？. BBC新闻，2020年1月8日. [获取和访问路径：https://www.bbc.com/news/world-50964040] 引用日期：2020年9月2日.

利大声疾呼，也深知会遭到保守派反对。

要在世上推动变革，需要满怀信心，即使遭遇反对也奋勇向前。就连金曼这位多年来信心不足的年轻女子，想要改变家人对自己的看法，也遭到哥哥阻挠。信心可以对大脑产生抗焦虑的效果，让人心情变好，加上信心高涨带来的乐观情绪（有时还会过度乐观），让人可以应对这样的阻挠。戈恩、罗曼诺维奇、恩格尔伯特、穆奎格和穆拉德都需要这种让人心情变好的抗焦虑药，才能在各自的领域打破常规。

信心造就成功，成功造就权力。权力和信心是自我强化的兄弟姐妹，会改变大脑，令人产生健康和不健康的欲望。一个人渴望成功，承险意欲就会更高；一心想要实现自己的目标，注意力范围就会收窄，容易忽略目标之外的事物；怀有强烈的自我信念，对其他人的同理心就可能下降；想要改变外部世界，自我觉察力就可能减弱。卡洛斯·戈恩在日产独断专行地实施计划和行动，无视日本同事的反应，很可能是由于权力引发的大脑变化所致。又或者套用彭博（Bloomberg）报道他被捕的文章标题：他“万万没想到会有这么一天”。[①]

这个世界需要信心，也急需有信心的领导人提振千百万民众的自我信念。可是，许多领导人为了唤起民众的信心，不惜运用具有破坏性的有害手段，例如鼓吹部落主义。信心是一把双刃剑，那么，我们怎样才能让领导人的信心利大于弊呢？

自恋和领导力

“不，我不想考虑这个问题。”德安东尼奥（D' Antonio）先生让他思

① 坎贝尔M.，井上K.，马J.，努斯鲍姆A.. 卡洛斯·戈恩是怎样被捕入狱的：他万万没想到会有这么一天. 彭博商业周刊（*Bloomberg Businessweek*），2019年1月31日.

考一下自己人生的意义时，他这样回答，“我不喜欢分析自己，因为我可能会不喜欢我所看到的。”[①]

2014年，唐纳德·特朗普当选美国总统之前两年，是这样对他的传记作者说的。从这句话可见，唐纳德·特朗普至少有两个版本：一个是他逃避的版本，另一个是做逃避这件事的版本。我们看到，特朗普异常过度自信。那么有一个问题就不得不问了：究竟这种“观察者”和“被观察者”的分裂，是不是在过度自信的人身上会更多地出现呢？

麻省理工学院的研究人员在2010年发表了一项研究，发现确实是这样的。研究人员提出，当人们对自己的主张与他们的信仰相背离时，他们经常自欺欺人。[②]特朗普在上文这句话中透露，他会怀疑自己。而在大多数情况下，他会夸大自己的能力，以此逃避这些怀疑。在一个视频片段中，他声称在许多话题上，“没有人比我更懂”，从无人机到银行，从基建到核武器，从“伊斯兰国”到环境影响，堪称全知全能。[③]

麻省理工学院的研究人员表示，过度自信是气势汹汹地说服和支配他人的一种方式，就像一只狗发出威胁的咆哮。但要说服别人，你首先必须说服自己，也就是自我欺骗。如果你不就自己真正的能力欺骗自己，表情、姿势和口吻就会流露出怀疑，你就算想要推销自己是超人，也是骗不到人的。

约克大学（University of York）的心理学家在2003年发表的一项研究中表示，这样在心里或口头上抬高自己，是“防御性狂热”的表现。防

① 巴尔巴罗M.. 录像显示唐纳德·特朗普的驱动力：对失去地位的恐惧. 纽约时报，2016年10月25日.

② 米约维奇-普雷莱茨D.，普雷莱茨D.. 自我欺骗作为自我信号：模型和实验证据. 皇家学会的哲学交易B：生物科学，2010，365（1538）：227－40.

③ 好笑：“全知全能”特朗普. 凯尔·库林斯基秀（*The Kyle Kulinski Show*），2018. [获取和访问路径：https://www.youtube.com/watch?v=cEcNMir6aSs] 引用日期：2020年7月20日.

御性狂热的特征是一个人超级肯定，斩钉截铁地发表声明，往往逐渐演变成“口出狂言”。研究人员发现，那些自信心脆弱而又逃避不去想的人，远比其他人更多地表现出防御性狂热，尤其是在想到会让自己感到焦虑或不确定的情境时。由于大声声明自己有多么确定有助于平复内心的焦虑，因此，这种方法虽然有缺陷，却也是奏效的。①

信心是通往未来的桥梁，却很少是打包票的，由于不确定，总是涉及一定程度的过度自信。可是，极端过度自信又是另一回事了。这种极度夸张的虚张声势需要极度的自我欺骗，远远超出日常生活的需要。非常过度自信的人是很自我的，这么自我的人往往会自恋。过度自信是自恋型人格的一个重要特征。自恋型人格有七个重要征兆，每位潜在领导人都应该接受这样的评估：②

权威：我很会影响别人，是公认的领导人。我喜欢做老板。

自给自足：我自己做得比较好，也喜欢做决定，所以很少依赖别人完成一件事。

优越：我很棒，大家都这样告诉我的，我知道自己是特别的，也喜欢得到赞美。我希望有一天，会有人给我写一部传记。

自我表现：我爱炫耀，喜欢得到关注，谦逊不适合我。

剥削性：我很会操纵别人，想让人相信什么话，别人都会相信。遇到问题，我大多数时候只要动动嘴皮子，就可以甩掉麻烦。

虚荣：我长得好看，爱照镜子，也喜欢炫耀自己的身体。

① 麦格雷戈I.，玛丽戈尔德D. C.. 防御性狂热和自我不确定感：你凭什么这么确定？. 人格与社会心理学杂志，2003，85(5)：838－52.

② 拉斯金R.，特里H.. 对自恋人格量表的主成分分析和建构效度的进一步证据. 人格与社会心理学杂志，1988，54(5)：890－902.

特权感：我不得到所有应得的东西，是不会满足的，所以我对其他人期望很高。要是我说了算，这个世界会变得更好。

从截错肢到公司倒闭，极端过度自信几乎总会造成问题。极端自恋者掌管一个组织，既会高估自己的能力，又分不清个人利益与组织利益的区别，可以造成严重破坏。

2015年发表的一份领导者自恋研究得出了更微妙的结论。研究发现，一个人越自恋，就越有可能晋升到领导职位，这主要是由于他的性格更加外向。可是，这人当上领导之后，自恋程度与上级、同级和下属给予的评价之间似乎没有任何关系。自恋让他晋升到领导职位，但并不能让他在领导职位上表现出色。[①]（我们不知道这一点在多大程度上适用于女性领导人。）不过，另一项研究的结论略有不同。伊利诺伊大学的研究人员发现有证据证明，自恋与领导表现之间呈钟型曲线关系。换言之，一定程度的自恋与更好的领导能力相关；可是，过度自恋会让领导能力大幅下降。

有一点自恋在领导者身上是好事吗？西格蒙德·弗洛伊德（Sigmund Freud）在《论自恋》（*On Narcissism*）中写道："领导者需要爱的，唯有自己，别无旁人。他可能有着统治者的本性，绝对自恋、自信而独立。"[②]

在1997年的一项研究中，研究人员更进一步，从常规的资料来源抽取对美国总统的人格描述，去掉了所有可辨认身份的细节，让心理学系学生按照严格的标准评价这些总统的自恋程度。接下来，研究人员抽取历史学专家对每位总统的表现或"伟大程度"和个人魅力的评价，把两边的

---

① 格里哈尔瓦E.，哈姆斯P. D.，纽曼D. A.，加迪斯B. H.，弗雷利R. C.. 自恋和领导力：对线性与非线性关系的元分析评论. 人事心理学，2015，68（1）：1－47.

② 弗洛伊德S.. 论自恋：导论 // 桑德勒J.，珀森E. S.，冯纳吉P.（编辑）. 弗洛伊德的《论自恋：导论》. 康涅狄格州纽黑文：耶鲁大学出版社，1991：123－4.

数据相比较。富有个人魅力的领导人无论是言辞表达还是举手投足，都散发着个人磁力，能够激励和影响追随者。在卡洛斯·戈恩所在的商界也是这样的。在萨沙·罗曼诺维奇和凯茜·恩格尔伯特所在的金融界也是这样的。你甚至可以揣测，她们具有女性气质的个人魅力，是否在这个男性主导的行业格格不入。

研究发现，美国总统的自恋程度与个人魅力和表现之间确实相关。根据研究人员分析，20世纪最自恋的总统是富兰克林·罗斯福（Franklin D. Roosevelt）。而众所周知，他魅力十足，也领导美国渡过大萧条和第二次世界大战，表现备受赞誉。[①]

这或许意味着在某些情况下，自恋的过度自信是一项优点。可是，在罗斯福连任四届总统之后，再也没有总统的任期超过两届，这大概并非巧合。掌权越久，权力就越大。掌权者过度自信的自恋日益膨胀，越来越有可能超过自恋钟型曲线的顶点，令其领导能力大幅下降。

自恋的过度自信是一把双刃剑，可以激励和鼓舞无数民众，让他们充满信心地做出积极的改变。但同样，自恋的领导人以自我为中心，做出自私自利的决策和过度乐观的误判，也会令无数民众遭遇不幸。自恋的目的是抬高自我。自恋者掌握的权力越大，越成功，自大妄想就越严重，自我会变得更加脆弱，更容易受到轻视和羞辱的伤害。非常自恋的领导人很少会一心为民众谋取更大的福利，他最大的心事始终是保护膨胀而又脆弱的自我。

但有时候，领导人自诩为政治家，也会把精力投入到两项重大任务上：既为民众谋福利，又保护自我。在此情况下，自恋的过度自信可以

① 德卢加R. J.. 美国总统富有魅力的领导力、自恋和表现评价之间的关系. 领导力季刊，1997，8（1）：49-65.

成为激励千百万民众的强大力量，罗斯福的情况就是如此。这是高风险的策略，很少有领导人能够这样成功地驾驭权力。自恋的领导人以自大妄想的说辞激励人心，在这背后总是暗含着脆弱——观察者满怀焦虑，担心自己可能会不喜欢自己所看到的。他需要投入大量的心理和情绪能量，没完没了地“守夜”，击退膨胀的自我在头颅之内和之外的敌人。那么，我们怎样才能找到理想的领导人，既可以激发民众的信心，又不会滥用信心呢？

女性的领导能力

据调查研究，世界各国政府在2020年发现，没有什么比疫情更能考验领导人的了。按死亡率计，有些国家在第一波疫情期间表现很好，包括德国、芬兰、丹麦、冰岛和新西兰等。还有些国家表现欠佳，例如美国、巴西和英国等。

值得注意的是，在调研对照表中，表现良好、死亡率最低的国家和地区领导人都是女性。与之相反，表现最差的4个国家的领导人都是男性，而且都有强烈的自恋、过度自信和民粹主义倾向。出于许多原因（包括人口规模），这只是一个观察结论，并没有确凿证据。不过，这让我们想到了一个问题：是否可以通过选择女性领导人，利用信心的积极方面，而最大限度地减少信心的消极方面呢？

领导人有权力，女性领导人也可能掉进权力的陷阱，向自恋型人格转变。根据神经科医生兼英国前外交大臣大卫·欧文（David Owen）所做的研究，英国前首相玛格丽特·撒切尔（Margaret Thatcher）正是这样一个例子。[1]不过，虽然权力可能会对大脑产生令人上瘾、扭曲人格的影响，女性所受的影响却是相对较小的。[2]这里面有几个原因。

我们在上文中看到，只有男性能受惠于“热手效应”。女性在打败对手/称霸赛场之后，不会像男性一样激素飙升。激素飙升，会提高大脑奖励网络中的睾酮水平和多巴胺活动。这些活动反复地大幅提高，就像可卡因和其他成瘾物似的，产生类似于上瘾的效果。比起男性，女性是相对安全的。

与人竞争时激素飙升，还会让你“发挥失常”。如果你太想赢了，大脑会分泌过多的多巴胺，干扰你的表现。[3]例如，经济学家发现，比起不重要的比赛，职业网球运动员在重要赛事中更容易在关键分上发挥失常，丢掉领先优势。[4]但在分析职业网球比赛时发现，女性面对压力发挥失常的情况要少得多。她们或许不能受惠于“热手效应”，但也不会受到它丑陋的姐妹“发挥失常”拖累。

讨厌损失多于喜欢收益（“损失厌恶”），也会让你在承担风险时审慎行事。女性的损失厌恶程度多于男性，意味着平均而言，女性比男性更注重防范风险，这种心态更为健康。[5]我们在第九章中看到，业余人士做金融交易，态度审慎者会取得更好的回报。频繁交易者亏损更多，而男性的

---

① 欧文D.，戴维森J.. 傲慢综合征：后天性人格障碍？过去100年的美国总统和英国首相研究. 大脑（*Brain*），2009，132（5）：1396－406.

② 罗伯逊I.. 权力如何影响我们：胜利者效应. 伦敦：布鲁姆斯伯里出版社，2012.

③ 莫布斯D.，哈萨比斯D.，西摩B.，马钱特J. L.，魏斯科普夫N.，多兰R. J.，等. 金钱下的发挥失常：基于奖励的表现减退与中脑活动相关. 心理科学，2009，20（8）：955－62.

④ 科恩-扎达D.，克雷默A.，罗森鲍姆M.，沙皮尔O. M.. 压力下的发挥失常和性别：来自职业网球的证据. 经济心理学期刊，2017，61（C）：176－90.

⑤ 赫尔曼D.. 金融损失厌恶的决定因素：产前雄激素暴露（2D:4D）的影响. 人格与个体差异，2017，117：273－9.

交易频率远高于女性。因此，男性的亏损比女性多50%。[①]萨沙·罗曼诺维奇深知，要是接纳道德低劣的客户，会为公司带来声誉及其他方面的风险，于是采取行动减少这种情况。她最终下台，并不是因为自己不愿意承担业务风险，而是与同事的价值观发生了冲突。

为应对全球疫情，领导人需要深刻认识到风险，采取适当措施减轻风险。巴西总统博索纳罗（Bolsonaro）、美国总统特朗普和俄罗斯总统普京本来可以及早预防新型冠状病毒疫情在本国的蔓延，可是他们都淡化了疫情带来的威胁。2020年3月3日，在疫情暴发高峰期，英国首相鲍里斯·约翰逊还对着镜头自吹自擂："我还在继续握手……有一天晚上，我到一家医院，我想那里有几个冠状病毒患者，我和所有人都握了手。"[②]

一个月后，约翰逊被转入伦敦一家医院的重症监护室，"在生死线上挣扎"。[③]死里逃生之后，他对新型冠状病毒疫情的风险意识有所增强。可是，他明明头脑聪明，堪称世界级的领导人，为什么要亲身陷入这样危险的境地才意识到风险，采取行动防范风险呢？全球各地明明已经有大量证据证明疫情的风险，如果约翰逊之前更注重防范风险，甚至只要把英国"封城"时间提前一个星期，就可以挽救2万人的生命（据英国政府科学顾问估算）。[④]由于领导人过度自信，不把风险放在心上，美国、巴西等

---

① 巴伯B. M.，奥德安T.. 男孩就是男孩：性别、过度自信和普通股投资. 经济学季刊，2001，116（1）：261－92.

② 鲍里斯·约翰逊确诊新型冠状病毒疫情之前几周表示："我和所有人都握了手"[视频]. 卫报，2020年3月27日. [获取和访问路径：https://www.theguardian.com/world/video/2020/mar/27/i-shook-hands-with-everybody-says-boris-johnson-weeks-before-coronavirus-diagnosis-video] 引用日期：2020年9月3日.

③ 弗格森E.. 鲍里斯·约翰逊转入重症监护室：新冠病毒症状恶化，首相"呼吸困难". 每日快报（*Daily Express*），2020年4月7日.

④ 斯图尔特H.，桑普尔I.. 新型冠状病毒疫情：只要把英国"封城"时间提前一个星期，"就可以挽救2万人的生命". 卫报，2020年6月11日.

国的死亡人数大幅增加。

男性的过度自信是很危险的。或许过度自信帮助卡洛斯·戈恩取得了成功；可是，他那天早上在东京被捕，完全出乎他的意料，这或许说明了他对风险的无视。日本同事反对他的计划和做法，他对此没有予以充分重视，也为此付出了代价。

领导人必须承担风险。要是完全规避风险，通往未来的桥梁是很短的。可是，要驾驭信心，我们需要在努力实现目标和预计危险之间取得良好的平衡。平均而言，由于大脑对竞争和权力的反应，女性或许比男性更能取得平衡。她们击败对手之后，不会像男性那样激素飙升；在重要时刻面对压力，也不像男性那么容易发挥失常。她们也会出现过度自信的自恋，但受到的影响不像男性那么大。

当然，许多身居要职的男性也可以妥善平衡风险与回报的关系，我们这里说的是两性之间的平均差异，与两性对权力的反应之间存在很大重叠。但我们在第六章中看到，与男性之间的互动会系统性地削弱女性的信心，也会系统性地打击她们妥善平衡风险与回报的能力。她们有能力参与激烈的竞争，但一旦有男性加入，往往就会避让。因此，女性更难以从信心这枚灵丹妙药中获得好处。

女性领导人之所以在驾驭权力时，没有那么多的副作用，另一个原因在于，在西方文化中，女性的自我往往与人际关系更紧密地联系在一起，而男性的自我概念往往只与自己相关。由于女性的自我与人际关系交织联结，打败/支配他人会威胁到自我，这也是女性与人竞争的难处所在。

密歇根大学的研究人员在2005年发现，由于女性的自我概念更多地与社会关系相关，她们在接受权力时，对大脑和行为的扭曲更少。无论是男是女，只要一个人的权力动机更多是集体取向的（例如代表家庭、群体、事业或组织），而不是自我取向的，那么，这个人在行使权力时，就不会有那么多可能令人上瘾的激素飙升。[①]由于存在这些性别差异，像博索纳罗、特朗普和约翰逊等这样自夸自大、无视风险，往往是男性领导人的特征，在女性领导人身上要少见得多。

两份不同的文献综述评估了数百份领导效能的研究，得出结论：女性的领导能力跟男性一样强。[②]事实上，在2014年发表的第二份文献综述中，研究人员发现，在完全基于同事评价衡量领导人的能力时，女性的领导能力平均优于男性。女性的竞争性也可以跟男性一样强，只不过在有男性参与竞争时，女性竞争起来会更难。我们在第七章中看到，在受到挑衅时，女性跟男性的攻击性不相上下。一般而言，女性对风险的规避程度也并不比男性更高。

显而易见，要避开过度自信的弊端，充分发挥过度自信的优势，大幅提升全球女性领导人数量似乎是一个重要方法。

培养集体信心

金曼十几、二十岁出头的时候，经常泡在社交媒体上，这让她越发觉得自己“一无是处”（套用她自己的话）。她可以看到自己没有收到邀请的聚会，没有出发的旅行，没有取得的成就。刷一下Facebook或Instagram，别人“秀”出的成功就随处可见。所以，对于金曼这样缺乏信心、充满焦虑的人来说，上面满满是自己失败和“一无是处”的证据。

---

① 舒尔特海斯O. C.，沃思M. M.，托格斯C. M.，庞J. S.，比利亚科塔M. A.，韦尔什K. M.. 内隐权力动机对男性和女性在社交胜利或失败之后内隐学习和睾酮变化的影响. 人格与社会心理学杂志，2005，88（1）：174－88.

② 伊格里A. H.，卡劳S. J.，马基亚尼M. G.. 性别和领导效能：元分析. 心理学公报，1995，117（1）：125－45. 另见：保斯蒂安－昂德达尔S. C.，沃克L. S.，韦尔D. J. 性别和对领导效能的看法：对语境调节变量的元分析. 应用心理学杂志，2014，99（6）：1129－45.

数据科学公司Starcount和剑桥大学的研究人员在2019年做了一项研究，发现十几岁女孩在社交媒体上关注的名人中，男性比女性更多。[①]对此，女性赋权组织The Female Lead开展活动，鼓励这些少女关注取得骄人成就、振奋人心的女性。在此之后，情况发生了变化。要改善少女使用社交媒体的情况，应该让她们接触多元化的女性榜样，关注与自己的个人兴趣和职业抱负相符的女性。这样一来，她们会开始在社交媒体帖子中使用与信心相关的词汇，例如“追求”“梦想”“爱好者”等。

这里面有两个原因。一是她们关注了新的女性；二是社交媒体平台的算法对此做出反应，改变了页面主动推送和展示的内容，也就是“信息流”。信息流中会出现更多有利于增强信心的例子和文章。这会改变这些少女的网络社区，让她们对女性取得成就产生更强烈的集体信心。[②]一群人凝聚在一起，可以产生集体信心，千百万人凝聚在一起也是一样。领导者在建立集体信心方面扮演着重要角色。那么，集体信心是可以学习的吗？2014年，研究人员对埃塞俄比亚一个粮食无保障的贫困地区做了一项研究，发现是可以的。一个地区的贫困会影响到整个社区的“做得到”和“会发生”期望。如果你周围每个人都处于挣扎状态，你自然会感觉到现实无法改变，也会据此调整自己的期望。

经济政策研究中心的研究人员让当地的发展代理发掘一些人克服逆境、过上更好生活的故事。他们选择了10个人，为他们的生活拍摄短片，讲述他们取得成就的故事。有的人开始做点小生意，有的人丰富了收入渠道。在采访中，配偶和导师称赞了他们的优良品质，例如不屈不挠、决心

---

① The Female Lead，特里 · 阿普特. 我们的2019年研究：颠覆信息流. The Female Lead，2020. [获取和访问路径：https://www.thefemalelead.com/research] 引用日期：2020年9月3日.

② The Female Lead，特里 · 阿普特. 我们的2019年研究：颠覆信息流. The Female Lead，2020. [获取和访问路径：https://www.thefemalelead.com/research] 引用日期：2020年9月3日.

坚定、为人可靠等。短片强调，他们固然得到了一些外来帮助，但主要是靠自己的努力才取得成功。

换言之，短片旨在让观众增强信心，其中包含了“做得到”和“会发生”元素。接下来，研究人员给实验组的村民放映这10部短片，让他们观看一小时。比起观看娱乐片的安慰剂控制组，观看增强信心片子的实验组的观众6个月后的行为发生了重大变化。①

首先，他们有了更大的抱负（提高了“会发生”期望），开始增加储蓄，财务状况变得更稳定。他们送更多孩子上学，这些社区中的民众对生活的掌控感增强。我们在上文中看到，掌控感对于信心是至关重要的。

信心是可以学习的，这包括一大群人乃至整个国家的集体信心。德尼·穆奎格和纳迪娅·穆拉德都在保守的社会中利用集体信心，改变人们对待女性的态度。

我们有没有什么办法，更好地驾驭个人信心和集体信心呢？

想法予人力量

教育会让个人乃至他们所在的国家更富裕、更健康。一个民众受教育程度高的国家，可以吸引高技能、高价值的产业进入，促进经济发展。但除此之外，还有另一个比较隐蔽的原因。

首先，请花一点时间，考虑一下有关健康的这两段对话。

---

① 伯纳德T.，德肯S.，奥尔金K.，塔菲斯A.. 着眼未来：埃塞俄比亚村民的志向和前瞻性行为. 2014-16年CSAE工作论文系列. 牛津大学非洲经济研究中心，2014.

对话一

你怎样才能更健康?

我可以多锻炼。

你怎样才能多锻炼?

我可以去跑步。

你怎样才能开始去跑步?

我可以设置定时提醒，早上上班之前先去跑一圈。

对话二

你为什么想变得更健康?

我想减肥，让身材好看一些。

你为什么想减肥?

因为超重对身体不好。

你为什么要在意对身体不好?

因为我想要享受生活，而生病会很难受。

这两种对话的区别在于，第一种围绕“怎样”的问题，缩小了范围，细化到几项具体行动；而第二种围绕“为什么”的问题，更宽泛、更抽象。“怎样”的问题让你的心思集中在具体细节和行动上，而“为什么”的问题迫使你进行更宽泛、更抽象的思考。

只要运用对话二中的抽象语言，你就会感觉更有力量，也就更有信心。抽象语言和想法是大的类别，在宽泛的概念下，包含了不同的具体例子，例如“家具”对“椅子”，“情绪”对“生气”，“目标”对“我想戒烟”等。你进行抽象思考时，往往不会只顾当下，而是敞开心思，拥抱这个类别下许多具体例子提供的一系列可能。你的心思不会受限，有了更多选择，掌控感更强，也就感觉更有力量、更有信心。

抽象思维也会帮助你预计自己的未来，你不再受到具体情况的束缚，可以放眼更长远的未来。这样一来，你会倾向于考虑未来的机会，包括遥远的可能性和威胁，包括健康。因此，教育是最能预测一个人的生活方式是否健康（例如不吸烟，健康饮食）的因素之一，也是最能预测寿命的因素之一。[①]

抽象思维也能让你在身边的圈子或社区之外，与更多人建立联系。通过人权、普遍人性或欧洲公民身份等概念，大家可以团结起来。

良好的教育培养出来的思维模式，不仅会让你感觉更有力量，还会改变你的行为。研究人员做了一个实验，要求每位参与者计划成立新的组织，然后给每个人安排职务。一半参与者进行类似于上文对话一中的具体思考；另一半参与者进行抽象思考。无论受教育程度如何，随机分配到抽象思维小组的参与者在组织规划中，都给自己安排了权力更大、责任也更大的更高级职位。[②]

在具体思考时，这种语言会让你去关注一个情境的具体细节。例如，如果民众为入境移民人数感到忧虑，政府要实施具体的应对措施，比如加强建造实体边境墙，减少入境人数。抽象语言让你不再纠缠于一个情境的具体细节，而是想象脱离了相关问题细节的种种可能。例如帮助移民的祖

---

① 史密斯P. K.，维格博杜斯D. H. J.，迪克斯特惠斯A.. 抽象思维增强人的权力感. 实验社会心理学杂志，2008，44(2)：378－85.

② 史密斯P. K.，维格博杜斯D. H. J.，迪克斯特惠斯A.. 抽象思维增强人的权力感. 实验社会心理学杂志，2008，44(2)：378－85.

国发展经济；推出更完善的居民身份证制度，增加非法移民的难度等。

你的心思不再纠缠于问题当下的具体细节之后，就会有更强的掌控感，也就更有信心、更有力量。由于抽象思维给予你更多的可能性、权力和信心，你的心态会更充满渴求和希望，专注于未来的可能。另一方面，具象思维会让你更多地去思考具体执行和潜在障碍。但话说回来，我们务必谨记，在任何企业的执行阶段，具体、务实的思维方式都有一席之地。

价值观

在2008年发表的一项研究中，研究人员评估了荷兰73家公司，发现道德操守良好的首席执行官是更好的老板。根据直接下属评估，道德操守良好的管理层团队更为高效，员工对公司的未来更加乐观。[①]

这也符合我们对“自我肯定”练习的讨论。只要想起最深层次的价值观，就可以减少自我受到的威胁和羞辱，也能减少一个人的部落意识和对外群体的歧视。由于做了“自我肯定”练习之后，自我受到的威胁减少，掌权者就不必为了自我防御机制而消耗大量心理能量。这不仅适用于处于支配地位的领导人，也适用于其他所有人。孤立的自我只能时刻保持警惕，防范威胁；而价值观和道德操守让自我扎根于一个更安全稳固的根基，还可以缓解权力对大脑的影响，有助于减少过度自信的坏处。

道德价值观让自我感觉归属于更伟大的存在，从而驯服自我。这既是对自我的约束，也是对自我的解放。

加利福尼亚大学伯克利分校（University of California，Berkeley）的研究发现，比起贫困的人，富裕的人更有权有势，信心更强，行为也更

① 德·胡赫A. H.，登·哈托格D. N.. 道德型和专制型领导、与领导社会责任的关系、高级管理层团队效能和下属的乐观态度：多方法研究. 领导力季刊，2008，19（3）：297－311.

罔顾道德，更自私自利。然而，只有在这些人的价值观受物质主义（金钱和占有）主宰的情况下，这一点才成立。①

2007年，盖洛普调查了132个国家或地区的人，询问："你觉得自己的生活有重要目的或意义吗？"惊人的是，一个国家或地区越富裕，对这个问题持肯定回答的人就越少。在感觉自己的生活有意义的榜单中，名列前茅的国家包括塞拉利昂、厄瓜多尔、安哥拉、乍得和老挝，而垫底的国家或地区包括日本、西班牙、法国、比利时。②

这里的区别在于宗教性。如果你对"宗教是你日常生活的重要部分吗？"这个问题的回答是肯定的，那么，你很有可能会表示自己的生活有重要目的或意义。价值观是大多数宗教存在的理由。比起感觉生活没有意义的人，生活有目的感的人的寿命更长，也更健康。③有权有势的人容易有自恋的过度自信，而价值观可以遏制这一风险；而对于地位较低的贫困人口来说，价值观也可以减少地位低微对信心的侵蚀。

那么，我们怎样才能结合个人和集体心态的优势，建立健康的信心呢？一个办法是培养领导者/人身上的道德价值观，而领导者/人又会影响下属/民众的价值观。从心理学的角度来说，以价值观为基础的领导者/人实际上是集体主义的领导人。领导人的自我扎根于超越自我的框架，因此受到约束。这样的领导人没有那么容易陷入部落思维，因为他们的"部落"是一套价值观，而不是一群致力谋求内群体优势、支配外群体的人。他们接受了良好教育，可以形成抽象思维，以此汲取力量。他们可以运用

---

① 皮弗P. K.. 财富和膨胀的自我：阶级、特权感和自恋. 人格和社会心理学公报，2014，40(1)：34-43.

② 大石S.，迪纳E.. 比起富裕国家居民，贫穷国家居民的生命意义感更强. 心理科学，2014，25(2)：422-30.

③ 希尔P. L.，图里亚诺N. A.. 人生目的作为成年人死亡率的预测因子. 心理科学，2014，25(7)：1482-6.

“自我肯定”方法，增强对遭人贬低的心理抵抗力，避免掉进以牙还牙的陷阱。他们也可以充分利用个人信心在创造力和创新方面带来的优势。

卡洛斯·戈恩跟西方国家几乎所有企业领导人一样，赚取惊人的薪酬。这样的巨额财富会产生类似于药物的效果，在此情况下，要坚守道德价值观是非常困难的。巨额财富是非常危险的，可能会改变人的大脑，令人腐败。如果我们要限制过度自信，同时又从中获益，就必须设法保护企业和政治领导人免受这样的影响。

拥抱变化的信心

在未来几十年里，要说有什么事是一定会发生的，那就是变化了。由于科技发展日新月异，气候变化，加上疫情暴发，变化速度将会不断加快。人工智能、机器人和通信会给我们的生活带来前所未有的冲击。加上全球变暖，这些变化会导致数以千万计的人口迁移，也会淘汰一些产业。如果情况未能得到控制，不平等状况将会加剧，难以为继。

变化有利有弊。风险固然加大，机遇也同时增多。科学加速发展，使得全世界消灭了天花和脊灰病，减少了饥饿，大大延长了人均预期寿命，即使在最贫困的国家也是如此。可是，要从急剧的变化中获益，全世界每一个人都需要一项必不可少的基本素质：信心。信心是通往未来的桥梁。没有了信心，汹涌而来的变化就会让我们不知所措。

从发达国家常见的焦虑症可见，变化会让我们感到焦虑。这种情绪会打击信心，而要缓解焦虑，信心正是最好的解药。要拥抱变化，意味着我们必须分清优先级，必须让下一代怀有信心，在百年人生中能够应对接踵而来的变化。像美国等一些国家花了几十年时间，想要增强下一代的自尊，可是，这个目标是错误的。信心予人力量，令人采取行动；而自尊并没有这个作用。

在高度稳定的社会，信心没有那么重要。可是，当今科技发展日新月异，稳定的社区会变得难得一见。我们必须想方设法，让人（包括一整个国家的人）对变化做好更充分的准备。为此，个人信心和集体信心都是必不可少的。

让我们从安娜的故事中，一探究竟吧。安娜是14岁的女孩，住在世界某个地区的某一座大城市里。面对巨大的变化，她需要做些什么，才能具备信心呢？

首先，安娜需要关爱她的家人。她需要相信家人关心自己，关心她的兴趣和未来，把她看得至少跟自己一样重要。其次，她应该在体育运动、音乐、戏剧、舞蹈或其他领域有过成功的经验，以此增强信心。家人和老师应该告诉她，她的能力和人格并非固定不变的，而是可以改变的。她也应该了解到，焦虑和心情低落是正常、健康的情绪，她可以善加利用，从中学习。家人不应该关注她在学校和班级的排名，而是应该对照她个人的标准，关注她取得的成绩。

安娜很早就了解到，刻板印象在人（包括她）的大脑中是怎样运作、怎样破坏女性的表现的。没有什么科学、数学、计算机、工程或与之相关的科目是她掌握不了的，她都完全可以取得优异的成绩，而且丝毫不输给任何男生。只要不受偏见的破坏，她的视觉空间能力也是很棒的。

安娜应该清楚明白自己在家里和学校形成的价值观。她应该了解到，要防止批评、羞辱或欺凌侵蚀自己的心灵，肯定这些价值观就是一个绝佳的办法。由于抽象思维会让人感觉更有力量、更有信心，安娜接受的教育让她更加自信。通过The Female Lead等女性赋权平台，她的社交媒体信息流充满了强大的女性榜样。

如何驾驭信心

安娜意识到，要影响这个世界改变的方式，她需要与其他人团结在一起，增强集体信心，促进改变。她看到一些国家和组织打破常规，选出女性领导人，为此深受鼓舞；她也明白，众人团结在一起，可以取得巨大的成就。

但她也深深地明白，民粹主义者兜售过于简单的解决方案，可能会劫持群体。她明白，所有人都有基本的部落冲动，而这些民粹主义者（通常是男性）懂得怎样诱惑我们掉进圈套。他们利用“内群体”和“外群体”的偏见，让无权无势的民众感觉到更大的力量和信心。可是她明白，这样的信心是合成的、虚假的。

她在成长过程中，也了解到一个国家的贫富差距越大，信心偏低的落后群体就越会寻找强而有力、愿意利用其部落冲动的领导人。她意识到，女性和志同道合的男性应该团结起来，支持相对不容易变得过度自信、无视风险、对权力上瘾的领导人。她明白，要实现这个目标，科技进步和未来的廉价清洁能源所创造的财富必须分配的更加公平。

她明白，WEIRD①的人生观有利有弊。分析思维过重，人可能会孤独，缺乏目的感。她从书中看到，比起自己国家，一些贫困国家的民众感觉生活更有意义。安娜感觉到自己居住的地方物质主义泛滥，了无生气，缺乏精神动力。这使得她的朋友焦躁不安，闷闷不乐，有的人甚至想去吸毒。但她知道，反对分析思维的部落主义人生观也有问题，只是问题不一样罢了。因此，安娜想要寻求这样的领导人：以价值观为基础，传达出人类生活的共同意义，促进人与人之间的沟通交流，满怀使命感，联合起来对抗气候变化和疫情等共同敌人。安娜深知，领导地位会为自我埋下陷

① WEIRD与weird（奇怪）不同，WEIRD代表Western（西方）、Educated（受教育）、Industrialized（工业化）、Rich（富裕）和Democratic（民主）。——作者注

阱，要保护领导人避免掉进这个陷阱，真诚的价值观是至关重要的。

不管安娜住在哪里，以上都对她提出了很高要求。可是，这世上的安娜和她的朋友（无论男女）都必须采取行动，应对这一挑战。安娜和她的朋友最需要的就是信心。有了信心，他们才能构筑通往未来的“做得到”和“会发生”桥梁。要驾驭信心，他们不仅需要理解外部世界，还需要理解自己和其他人的内部世界。只有认识到信心带来的威胁和机遇，他们才能驾驭信心。

Acknowledgements

致　谢

我之所以会动念写这本书，离不开妻子菲奥娜·奥多尔蒂博士的爱、支持和教导。她是我认识的最优秀的临床心理学家。在过去几十年里，她一再告诉我，人类几乎所有的行为都会受到信心（或缺乏信心）左右。本书中几乎所有“案例研究”都是真人真事改编的。我所做的工作，就是剖析她的观察结果和洞见背后的科学原理。

本书的完稿也离不开我三个孩子：戴尔德丽（Deidre）、吕艾尔（Ru-airi）和尼尔（Niall）。他们给了我莫大的灵感。孩子们，感谢你们的评论、更正和见解。

感谢我亲爱的外孙多纳（Donagh）认真地啃咬我的笔记本，也感谢他的父亲布赖恩（Brian）在封城期间陪伴我在冰冷的爱尔兰海中畅泳。感谢艾登（Aedeen）在封城期间保持自信，也感谢吉姆（Jim）做一个这么好的哥哥。

感谢莉泽-安妮·麦克劳克林（Lise-Anne McLaughlin）对性别章节的深刻点评，感谢好友博比·麦克多纳（Bobby McDonagh）的洞见和鼓励。

环球出版社（Transworld）的安德烈娅·亨利（Andrea Henry）是一位优秀的编辑。感谢她细心地沟通交流，认真地编辑文字，我们的合作非常愉快。

非常感谢萨莉·霍洛韦（Sally Holloway），没有这位优秀的经纪人，就没有我这本书和前两本书。萨莉，感谢你这么多年来坚持提出想法，及时地回复，做出明智的判断，认真阅读图书提案和文稿，提出鞭辟入里的反馈意见，并且暖心地鼓励我。在此向你致意。

最后，我在此怀着悲伤和爱意，与费莉西蒂·布赖恩（Felicity Bryan）告别。她是我和萨莉亲爱的朋友和同事，在2020年6月21日逝世。费莉西蒂是我第一位经纪人，也是非常了不起的人。她活泼开朗，富有智慧和信心，照亮了许多人的生命。

经验

[我们为什么会学到错误的经验以及如何纠正它们]

作者：[土耳其] 埃姆雷 · 索亚
[英] 罗宾 · M. 霍格斯
定价：59.90元
出版社：中国青年出版社
ISBN：9787-5153-6286-1

◎ **破除“经验至上”，教你识别经验的缺陷，纠正经验的误导，从而更好地生存**

◎ **判断和决策研究领域奠基人全新力作**

◎ **提升你的预判力，反思力、感知力和行动力**

内容简介

我们为什么会学到错误的经验以及如何纠正它们？如何在不断变化的世界里做出更好的判断与选择？经验是信息的主要来源，会帮助我们形成个人的喜好与看法，所以用批判的眼光看待经验和它所处的环境至关重要。本书将教会读者学会从外部审视经验的教训，提供处理经验可能带来的负面影响的可行办法。

作者简介

罗宾 · M. 霍格斯（Robin M. Hogarth）是判断和决策研究领域奠基人，其研究成果为判断和决策领域的几代研究人员提供了有用的建议和深远的启发。

埃姆雷 · 索亚（Emre Soyer）是一位行为科学家和企业家，他与众多公司和部门合作，开发旨在改善个人和团队决策效力的工具和方法。

像高手一样思考

[每天都要为平和与目标而训练你的思维]

作者：[英] 杰伊 · 谢蒂

定价：59.90元

出版社： 中国青年出版社

ISBN：978-7-5153-6484-1

◎ **畅销书《原则》作者瑞 · 达利欧，《赫芬顿邮报》创始人阿丽安娜 · 赫芬顿，心灵大师乔布拉，哈佛医学院教授罗伯特 · 瓦尔丁格盛情推荐。**

◎ **本书作者杰伊 · 谢蒂获奖无数：他在社交媒体上有超过4000万的粉丝，其热门视频已经被观看了80多亿次；被Yahoo财经选为2020年10大影响人物；2019年，他荣登《广告周刊》青年影响力封面明星，被称赞“散发着无穷的精神力量”；2017年，他入选福布斯30位30岁以下精英榜。**

内容简介

我们总是试图掌握我们生活中的许多东西，事业、关系、家庭、朋友、信心，所有这些都是通过思考开始和处理的。如果我们学会了控制和驾驭思考，那么我们就能获得对自己潜力、激情和目标的自我认识；深入了解如何驾驭和掌握自己的思想；获得强有力的决策、管理职业选择和建立更深层次关系的方法。

杰伊 · 谢蒂分享了用一种简单的方式进入与禅者同样的思维方式将他从生活中学到的智慧精炼为每个人每天都可以采用的实际步骤，帮助我们克制欲望，减缓焦虑，平静自我，拥抱充满意义的生活。